世界上最神奇的24堂课

（美）查尔斯·哈奈尔 著　刘宝江 译

华龄出版社
HUALING PRESS

图书在版编目（CIP）数据

世界上最神奇的24堂课 / 刘宝江译 . -- 北京 :
华龄出版社 , 2022.6
ISBN 978-7-5169-2227-9

Ⅰ . ①世… Ⅱ . ①刘… Ⅲ . ①成功心理—通俗读物
Ⅳ . ① B848.4-49

中国版本图书馆 CIP 数据核字 (2021) 第 061031 号

策划编辑 冯 强 **责任印制** 李未圻
责任编辑 郑 雍 **封面设计** 李 荣

书 名	世界上最神奇的 24 堂课	**作 者**	刘宝江
出 版 发 行	华龄出版社 HUALING PRESS		
社 址	北京市东城区安定门外大街甲 57 号	**邮 编**	100011
发 行	（010）58122255	**传 真**	（010）84049572
承 印	天津海德伟业印务有限公司		
版 次	2022 年 6 月第 1 版	**印 次**	2022 年 6 月第 2 次印刷
规 格	640 mm x 910 mm	**开 本**	1/16
印 张	12	**字 数**	150 千
书 号	ISBN 978-7-5169-2227-9		
定 价	49.80 元		

序言

一直以来，大多数人都坚持并相信这样一种观念：人是生而平等的。然而，事实呢？人与人之间不仅有相貌、体格上的差异，更有思想、意识上的不同。而后者，必将决定一个人是否能重新认清自己的人生轨迹，并从中获得前所未有的力量，最终创造出属于自己的成功神话！

思想和意识源自一个人的内在，虽然从外表看不出来，但却能带来贫穷与富有、失败与成功、平庸与非凡等诸多差异。可是，生而为人，为什么有的人就算拿着一手烂牌，也能活出光芒万丈的人生；为什么有的人明明可以过得很好，却总是很难从生命的曲折昏暗中抽离。事实上，人之所以有不同的境遇，皆源于不同的思想，不同的心智。

人是世界上唯一拥有自我意识的存在，心智可以帮助我们唤醒感受、观察、理解、判断、推理、想象……所有这些思维能力。心智的功效是非常惊人的，它不仅能让一个人超越环境、战胜困难，更能帮助我们与自己、与他人、与世界构建起一座桥，从此开启人生的无限可能。

苹果熟了，就会从树上垂直下落，这是万有引力的规律使然。人的思想和心智也遵循自身的规律。激发自己的思想，以积极的心态去创造奇迹，才能得到理想的结果。富裕的人是遵循了“富裕规律”，成功的人是遵循了“成功规律”，这就是头脑中的因果法则。“种什么树，结什么果”是一个永恒的真理。相反，如果在你的心智模式里，只有固化、僵硬、消极和否认，那么就会遇到各种障碍，甚至找不到出路。思想混乱、缺乏自信的人，难免会受潜意识的影响，人也会变得无力、悲惨、逊色。所以，思想是带给我们力量与能量的源泉。思想积极就能创造出助你一臂之力的积极条件。否则，只会创造出让你跌入深渊的消极条件。

在这个忧患日益增多的世界，《世界上最神奇的24堂课》这本书以科学的态度，系统地阐述了如何正确运用内在的精神和思想，使之发挥积极的能动作用，更好地激活我们的想象力、潜意识、感官直觉等，最终指引我们获得健康与幸福。当你的思想充满力量、勇气、灵感和动力时，你的行为也将朝着这样的方向发生变化。通过发挥思想的作用，你不但可以改变自身，同时还能改变你所处的环境和际遇。

这神奇的24堂课将教会你在这个充满变数的生活中，如何正确地运用精神能量，实现对自身的掌控，提高洞察力，增强记忆力，增强独立性，在任何境遇下都有冷静的思考和理智的推理，令你有远见卓识。总之，这神奇的24堂课就是指引我们构建理解世界的底层逻辑，让我们在一个更广阔、丰饶的认知世界里，内心变得更加强大。

如果你想发现生活中更多的可能性，提升自己对生活的掌控感，优化你的人际交往和行为模式，重获生活的方向，那么，这神奇的24堂课将会让你重新认识到自己的精神世界究竟拥有多么神奇的力量。也许，在此之前，你可能一直在摸索中前行，没有找到行之有效的理论和方法。不过，当你遇到《世界上最神奇的24堂课》这本书，请你相信，也请你做好准备，因为美妙神奇、崭新开挂的人生即将到来。本书讲授的内容分为24个部分，书中的每一个观点都充满了智慧，每一段文字都值得你花时间去细细体会。建议你每周学习一课，并且配合后面的思维练习去实践，这样你会拥有更多的体会和收获。

最后，衷心希望有更多的人因为《世界上最神奇的24堂课》这本书而打开思维、拓宽眼界，为生活带来更多的可能。

目录 contents

第1课

内在决定外在，意识就是能量

现在，我们即将踏上一个通往全新自己的旅程，在此之前，你是否问过自己，内心是否具备足够强大的力量？这种力量让你的生命质量与众不同，这种不同会给你带来幸福和健康，带来一个全新的自我。

在开始第一课学习的此时此刻，你的内心，有没有迫切想要改变自己的冲动；你是否渴望在瞬息万变的社会里发挥出自身所有的潜能呢？

这么说吧，你的意识当中，有没有一种迫切想让自己变得更健康、更幸福的冲动呢？搞清楚这一点非常重要，这是我们有效开发自我智慧的开端。

当上述这些关乎我们行为与人生价值实现的意识逐渐成为自我意识的一部分，成为你生命的一部分时，没有任何外力可以将它们从你身边驱走。事实上，一个人拥有这些意识而转化为内心力量时，世间万事皆在他的掌握之中，一切将为其所用。如此，你会在实现目标的征途中战胜所有的困难。

拥有内在的力量，才能活好当下，不为已经消逝的今天哀叹，不为未到的明天忧虑。能够切实把握住当下，才会日日是好日，不论今昔与往昔。

人生苦短，光阴如水，你的内心如果始终带着一种力量，并聚焦于人生点滴，那么，你的计划一定会变得清晰，你做事的思路也将更加明确。

由此，你一旦了解、体验到这种内在的力量，你一定能意识到，你极目的世界，你眼前的万事万物，你脚下的道路……世上所有的一切，都是活的，都充满了活力，都溢漾着生命的美和心灵深处的意识跃动。

很明显，每时每刻，你要施展这些力量，并有计划地把你的潜能和意识激发出来，这就需要了解它们，这样才能行在正确的视角、视野、境界里，由此得到新的力量循环。

这样，你的每一天都将活在满满的自信里，活在充沛的精力中，也将一步步让你接近你的梦想、你的希望，走向你的目标，让你的人生释放出更加清晰、深邃、圆满的意义。

好吧，现在就让我们开始第一课的学习。

1　在这个世界上，凡事预则立，不预则废。这一放之四海而皆准的至理告诉我们：做什么事情要想取得成功，离不开提前做好充分的准备；如果不提前做好准备，往往事与愿违。提前积累和准备才能带来灵感以及新思想、新主意、新方法，它们不会凭空而来，也绝非偶然。

2　人自身具备的能量来自头脑中创造性的意识和思维。人在现实生活中遇到的一切环境、生活和行为，都受意识和思维的支配。

3　你的选择看似简单，却往往是必然的，它取决于每个人独有的思维模式。所以，一个人大脑思维到灵性思维的维度和深度，与你的内在认知有关，我们的选择都在自己的认知范围内。

4　人的行为受大脑思维的支配，表现出来的行为现状以及未来，都不会跳出思维的框架和范围。

5　我们内在对苦、乐的体验，属于主观的心理与认知状态。一个人一生的幸福与他的心智直接相关。洞悉一切的力量来自内心的诸种可能，如此，才有可能产生你所需的意识，从而找到力量的源泉。

6　思维、情感和力量的爆发，都运转于内心世界，尽管是不可见的世界，却拥有不可估量的威力。

7　你面对的千千万万的问题，从理论上讲，都能通过对心灵的守护找到解决之道，这是我们深得灵性玄奥的结果，由此可以推断，既然我们能掌控内心世界灵性的一面，那么，人身上存在的所有潜力和世界上的诸种财富法则，都应该尽在我们的掌控之中。

8　一个人的外在表现是内在力量的投射，内在力量往往具有十分巨大的潜能。如果你能够意识到内在决定外在，外在源于内在，并意识到内在的这些潜力，那么它就会在你的外在行为上彰显出来。

9　人际交往和谐、生活环境惬意、处理问题高效、精神状态饱满……这些美好的外在状态，都源于内在的和谐。内在和谐是外在世界生态、持久、正向发展的基石。

10　“和谐”回归内在世界，意味着一个人有管理自己情绪的本事，这样的人也一定会通过自己有灵性的思想，产生积极的能量去解决生活中的纷扰，而不是消极的抱怨。

11　那些乐观又不断进取的人，外在表现出的一切良好，往往源于内在世界的和谐。

12　我们内在世界的发展和变化，同样可以通过外在世界反映出来。

13　如果意识到内在智慧蕴含着非凡的理解力和创造力，就可以帮助我们释放内在智慧的潜能，并把获得的能量变成当下的行动力。

14　当你专注于内心智慧，就会有序地拾拣起这种智慧，并获得相应的潜能和力量，从而为你和谐的存在与处事奠定必要的基础。

15　内在即现实，归结到世界上的所有人，心灵如果聚集智慧，就会拥有勇气、希望、热情、自信、信任和信念，这样一来，这些精神状态就会反过来强化内在，把这样的能量变成能力，并逐步实现梦想。

16　生命绽放是真实的，是层层展开的过程。世界的外在呈现已经通过内在给你了，只不过你在意不在意罢了。你在意了，就是真实的拥有。

17　一切财富，一切收获，都离不开内在的意识，这些都是用心谋求的呈现。所有的损失都是意识分散的结果。

18　心智的高低对应着人生境界的和谐与混乱，其内在与外在也是互相融合的，而不和谐则意味着混乱。人必须与自然法则和谐共处。

19　思想是客观存在的，我们通过思想和意识把头脑与外界联系起来。大脑是意识的统帅，而神经通过大脑和脊髓组成的系统，会将指令传达给身体各部分，进而对光、热、气味、声音或者口味刺激作出不同的反应。

20 事物的发展离不开本质和规律。当大脑和脊髓的神经通过传导系统传递到身体各个部分，所形成的感知一定是愉悦与和谐的。

21 我们的身心始终充盈在力量、活力当中，一切有益而无害的行动皆在自己的掌控中。苦难、疾病、缺失、局限和一切形形色色的不和谐，所有这些正是客观心灵存在的结果。即内在的思想是错的，那么所有破坏性的因素就会降临在我们头上。

22 潜意识始终和内在世界相联系。我们回到人体构造本身，腹腔神经丛是潜意识器官，其中的交感神经丛主导所有的潜意识，譬如愉悦、恐惧、爱慕、焦虑、渴望等。正是这种潜意识成为我们和内在世界的桥梁。

23 调动神经丛，使之协调合作，是令生命丰盈的秘密。知道这一点，我们将主观和客观有意识地进行协调，进而产生出无限潜能，而且让变化和无常等外力完全处在自我掌控中。

24 有一种强大的、丰富的、充满智慧的法则在任何角落和场合都适用且不会过时，它能够涵盖所有正确的思想和理念。

25 正确的思想和理念能够为个人的行为和实践带来指导，很多时候思想成了意识的客体。意识无处不在，必与你同行，而你我他穷其一生的轨迹正是意识的行迹勾描。

26 所有的理念都可以归为规律，认真体察和发现事物的发展规律，就能够找到这一相同的理念。

27 从宏观的角度来说，人与人的意识大部分相同，外在表现的不同，往往源自个体细微的差别。

28 自然、宇宙、心灵、智慧，形成强大的潜能，只有通过个人才能有所彰显，而个人的成就只有通过潜能才能得以体现。个人与自然、宇宙、心灵、智慧此时是统一的。

29 人与人的不同来自思考能力和内在思维的不同，表现出来的外在状态也不同。意念看似无形却有力量，是一种静态的能量。想法是意识的动态阶段，意识是想法的静态阶段。两者虽然表现不同但实则一体，从意识的静到想法的动，然后作用于现实。

30 规则中包罗着世间万物和人的自身属性。人在思考的时候，自身的属性会决定自己的思维，同时这种属性能够通过外在的行为模式反映在客观的现实中，这种客观环境中的状态与内在的属性是统一、呼应的。

31 自身的思维带来行动，行动产生结果，所以，想要得到自己想要的结果，就要控制好自己的思想和意识，这一点至关重要。

32 拥有外在力量的前提是保证自己内在世界的正确认知，所以，想要掌控外在的力量，一定要先拥有内在认知，然后用外在的结果，去践行内在的认知。

33 有一条法则适用于世间万物的发展，如果你想随心所欲地运用这条法则，前提是控制自己的意识，这样才能将这条法则与自己的意识相结合，并且以此来指导自己的行为。

34 这条普遍适用的法则，客观存在于类似原子一样最细微的地方，细微事物的发展与法则相契合，必然能够创造生机。

35 人的内心世界蕴藏着丰富的宝藏，并且具备非凡的创造力。

36 人们习惯从外面寻找解决问题的方法而忽略了向内寻因，这是没有效果的。想要解决问题而不是停在问题的表面，要学会从内心去寻找，这才是根本方法。

37 人这一生大多活在外在事物当中，少有人能真正醒悟于内心世界。然而，正是内在造就外在，才让内在世界充满创造性，从而改变外在，总之，一切外在世界都是内在世界的智慧的创造。

38 万事变化、万物消长，皆来自于内心世界的感应，这是客观世界当中显而易见的。小到植株、花木，大到动物和人，都能在此找到规律。这种规律建立在人的认知过程中，也可以看作是一种精神体验的过程。如果你的主观意识是和谐且充满能量的，那么外在世界也是如此，这是内在世界与外在世界的互相呼应。

39 人的内在乃天地宇宙之泉源，而外在则是这条泉源的出口。个人能力的大小完全取决于我们对天地宇宙、万事万物的认知。你我他，每个人身上都有着贯通于自我能量的无尽出口，这是不容置疑的。

40 价值产生并依赖于精神富足。如果你的内心丰盈，那么将会直接改变外在的状态，变贫穷为富有，变迷茫为智慧，变混乱为和谐，变黑暗为光明……如此，心念会成为指导行为的法则。

思维练习

找一个安静不受打扰的房间，在一面白色的墙壁前坐下，放松身心，逐渐对你的身体展开有意识地控制，让你的思绪自由、欢畅地循环、飘荡，让轻松愉悦的情绪徜徉于你的身心。每次坚持做十五分钟至半小时。持续一周后，你定会有所体验、有所感悟、有所觉察。你若是不能很快进入状态也无妨，慢慢来，相信自己一定会渐入佳境。

智慧拾萃

1.如何才能获得财富?

财富获取离不开意识思维。

2. 如何在客观世界活得通透?

大脑产生的思想，让生命个体与客观世界发生连接。

3. 个体如何与自己的内在世界建立连接?

个体拥有的潜意识，通过太阳神经丛与自我内在世界建立连接。

4. 人人都适用的法则是什么?

生命法则是任何客观存在的事物都适用的法则。

5. 个体能不能影响外在世界?

每个人头脑里的思维都能对外在世界产生影响，人的思考能力也是认知体验的过程，思维既可以是小桥流水，也可以是千军万马。

6. 如何达到和谐完美的境界?

心静则环境净，心安则天下安。外在的一切完美与和谐都离不开内在意识的和谐与完美。

7. 外在一切混乱与冲突源于什么?

思维方式一旦错误，外在就会有不和谐，出现混乱、冲突和各种难以突破的局限。

第2课

直觉是潜意识给出的答案

人人都渴望自己的人生一帆风顺，但往往事与愿违，一不小心就会陷入无序与混乱的状态。但所有无序中都蕴藏着有序和规律，只有在日常一点一滴中进行积累，然后形成一种能够自我觉察和调整的能力，才能找到那个规律，然后改变无序和混乱，让人生变得完美顺畅。另外，人们对于自身所处的境遇产生的感觉也因人而异。对于生活的品味，个人的志向、才智和道德等，境遇不同，感觉亦不同。那么，是什么造成这种不同呢？不是外在的世界变了，而是我们自己内在的思想变了，就像那句“你变了，你的世界就变了”。为了获得那种美好的感觉，我们要学习优秀的思想，因为思想才是真正改变外在的力量。积极的思想产生积极的效果，从而带来积极的能量，这非常符合“吸引力法则”。你必须持续地保持这样的观念，对这种能力产生笃定的认知与信心，然后拥有这种“相信的力量”，让这种力量时刻充盈在头脑中，你的思想才会不断更新、创造，并且彰显于外在。最终让这种力量形成本能，进而持续地发挥正向、积极的作用。

这就是我们将在第二课学习的方法，你的真实本能来自潜意识。

1 个体内在的精神世界和外在的行为状态结合在一起时，像无时无刻不在运行的宇宙世界。而推动这个“宇宙”不断运行的方法就是人的思维，人的思维由两个平行的元素组成，分别是显意识和潜意识。如果脱离了潜意识去谈显意识，显然只看到了局部，忽略了整体。

2 人的潜意识的运行像一台精密的仪器，本身具备逻辑且不会出现偏差。潜意识接收到信息，就会按照自己的规则进行运作，并得出他的判断。这个规则，就是我们作用于外在世界的所有行为的动力之源，也是我们探究潜意识的原因所在。

3 无论大脑做什么事情，潜意识都在默默主宰着人的精神活动，并持之以恒地努力运作着。因为有了这样一个幕后工作者，才有了精神活动可以施展的舞台。

4 古往今来，潜意识成就了无数人，潜意识因此被称为超意识能力。人类的灵感、直觉、创造力、预知力等都是潜在能力的具体表现。许多成功人士之所以能够实现他们的梦想，因为他们将渴望和梦想具体化、形象化，养成了按照成功来思考问题的习惯。比如，音乐界的贝多芬、天才爱因斯坦、文学巨匠莎士比亚等成功人士，皆有着与众不同的潜在能力，所以才获得了过人的成就。

5 潜意识教给了我们在工作和生活中处理问题的方式。如果将人的意识比作冰山，浮出水面的部分代表显意识范围，约占意识的10%，隐藏在水面之下的则是潜意识，几乎占到90%的力量。那些能够进行多种动作和展现完美技巧的人，就是因为他们的潜意识在发挥作用。

6 生活中，大部分创造靠的就是潜意识。如音乐、绘画、雕塑等，不但具有绝妙的技巧，还会带来不一样的美感，都是潜意识的功劳。一个人的思想越伟大、越崇高、越卓越，越能体会到潜意识所发挥的作用。

7 我们的记忆信息存储于头脑深处，比如自己是谁，什么时间、什么地点做了什么事，形成了怎样的认知，等等。当我们需要依赖这些过往的信息进行思考，对生活产生态度以及对外在事物进行观察和体验的时候，都需要潜意识进行信息的调动，它就像一个忠实的服务者，随时听从调遣，随时服务他人。

8 我们自由呼吸，心脏在跳动，血液在循环，神经系统和肌肉组织按部就班地运行……这些都不受个人控制。我们的感官体验外在世界并产生感受，却可以在潜意识的支配下随心所欲地进行。

9 人的行为受两种力量的驱使：一种力量来自显意识支配的当下意愿；一种力量来自潜意识的规律运行。后一种力量不受自我控制，不受环境影响，从一开始就存在于自身的力量之中。所以，我们要研究这种潜意识的运行规律。

10 在上面两种力量中，显意识支配的能量具有客观属性，也可以称为外在变动的能量，反映的是客观外在的现实；潜意识支配的能量具有主观属性，是内在自主、有序进行的行为，反映的是我们内在的思想和精神。

11 我们了解外在世界往往通过感官发挥作用，这是显意识的运行规律。潜意识却是通过内在规律对精神方面发挥作用。

12 人之所以具有推理、选择、分辨、鉴别等能力，并由这些能力延伸出更多、更深的能力，皆依赖于一种动力，这种动力就是人的意识所产生的结果。

13　把显意识和潜意识理解成一种关系的话，显意识像家长，潜意识是孩子；显意识能够指导潜意识的行为，并承担指导这种行为产生的结果。这样的关系可以对我们的境况做出根本的改变。

14　潜意识接收指令并积极行事，无论接收到的信息或指令是错还是对，都会按指令行动；显意识像一个尽责的门卫，时刻提防着一些负面或不正确的信息冲到意识的深层。对于不安、焦虑、冲突和恐惧等信息，显意识会对其进行拒绝和阻挡，不让我们的行为出现偏差和错误。

15　显意识根据人的意志力来推理结果，会有意识地克制不好的欲望；潜意识却是人内在本能的欲望，不经过思考就能做出反应。

16　潜意识本身不具备推理证明的能力，它需要依靠显意识来把关。潜意识等待指令然后执行，如果指令是正确的、积极的，那么潜意识给出的结果和方向就是正确、积极的；反之，如果指令是消极或负面的，潜意识给出的结果和方向也是消极或负面的。为了防止潜意识给出不好的结果，显意识就要有意地输入一些积极的信息。

17　潜意识从来不进行甄别和判断，完全靠内在直觉引导行为。如果我们在实际生活中得到的是正确的信息，传递给潜意识就会产生积极的影响；如果得到的是错误的信息，传递给潜意识就会产生不好的影响。

18 潜意识在我们的身体中如何运行，取决于显意识这个守门人是否能做到忠于职守。如果显意识在激情、冲动以及其他刺激中没有尽到守门的责任，那么潜意识就会接受外面涌来的各种信息，并无法做出识别和判断，尤其对于错误和负面的信息会照单全收。最后导致负面信息会占据潜意识，引发一些不好的情绪，如贪婪、憎恨、痴狂、傲慢、悲伤、痛苦、压抑等。所以，要时刻提醒显意识这个守门人，不要为错误的信息敞开大门。

19 直觉就是潜意识给出的答案，所谓“第六感”就是潜意识在工作，显意识并没有潜意识这样敏捷的反应。

20 潜意识在判断某个事物时，会用直觉进行判断。我们需要了解和习得这种直觉，提升直觉力，有些不明白的事情，凭直觉能看明白。

21 生活中到处都能用到潜意识这个运行规则，潜意识就是真相的审判者。比如，本来觉得暗无天日的状态忽然柳暗花明；原以为无解的问题一下子灵光乍现，找到了突破口……所以，学会运用潜意识规律，就能让我们直面很多难以解决的困难。

22 潜意识是个忠实的程序执行者，不论程序好坏，潜意识都会运行。那么，要给这个程序输入正确的暗示，让潜意识去接受，持续地输入正确思维，才能打败负面的信息，最终让正面的信息形成一个稳定的程序，潜意识才会把这个程序固定，最后变成一个习惯。

23 我们要相信自己拥有开发潜意识的能力，把积极的、良好的信息和习惯持续不断地输送给潜意识，给自己正面的暗示。这样那些负面的、错误的、消极的信息才会从我们的潜意识中离开。一旦你学会了开发潜意识，让潜意识接受健康的思维方式或生活方式，就会拥有无比强大的力量，而不会受到外界的影响。

24　在我们生命中，潜意识起着重要的作用，它像我们的心跳和血压一样，虽然看不到，却始终作为一种生命的本能在发挥作用。

25　我们要像对待财富一样守护潜意识，因为它像财产储存在银行里，这个财产就是记忆，这个记忆包括思想、感情和认知。记忆存储得越多，对我们的生活带来的正面影响就越广泛，比如我们的思维会更清晰，做事的效率会更高，甚至内在的创造力也会日益渐长。

26　每个人都有理想、信念、抱负和希望，并且通过潜意识激发出来，最后形成了自己独特的内在力量。所以，潜意识是心灵与外在世界产生智慧与能量的连接器。

27　我们的思想决定习惯，习惯决定行为，行为决定结果。所以，想要改变外在的环境，先用思想改变潜意识。

28　有一个法则叫做“吸引力法则”，也就是让环境随着意识来改变。无论是显意识主导的客观思维，还是潜意识主导的主观思维，如果能够将二者统一起来，就会让我们生出无穷的创造力。那么，这种创造力就会作用于外在的环境，然后使外在环境发生改变，真正实现“你变了，世界就变了”的神奇效应。

思维练习

这一课是第一课的补充和延伸，在上一课我们要求练习放空头脑，对身体产生有意识的放松，通过控制思想实现对身体的掌控。在这一节的练习中，我们要试着找到自己的思想并尝试去掌控它。找一个安静不受打扰的地方，或者选择和上次相同的房间，然后试着让自己想一些美好的事物，记忆起那些带给你平和、幸福感受的瞬间。不要去想让你担心、痛苦、焦虑的事情。

一定要重视这样的练习，持续不断、有规律地进行这样的练习，慢慢让你的思想变得积极，然后带来情绪上的改变。当思想和情绪变得平和、积极，生活中原本负面的状态就会远离，那些无边的烦恼和麻烦也开始变小，这样你的个人价值就体现了出来。我们只保留对自己充满喜悦、健康的东西，摒弃掉让自己不舒服的东西，这样我们的生活才会一天天明亮起来。

智慧拾萃

1. 改变人精神和行为的两种力量是什么？

潜意识和显意识。

2. 怎样让自己过上轻松自在的生活？

要凭潜意识的直觉去支配行为。

3. 潜意识发挥怎样的价值?

潜意识引导直觉思维，对我们的行为给予警示，最后实现自我控制生命状态的价值。

4. 显意识如何发挥功能?

显意识能够通过感官来感受外在环境，并将信息传递给潜意识，具备对信息的识别和推理功能。

5. 如何影响潜意识呢?

用自己想要的结果，对潜意识进行持续不断地暗示。

6. 怎样才能让潜意识产生想要的结果呢?

当健康的信息不断输入，不健康的信息就会从潜意识中离开，时间久了，内在的力量就会逐渐显现出来。

7. 潜意识规律运行的结果是什么?

外在的客观环境取决于内在的主观思维，如果潜意识全是美好的，客观环境也会随之改变。

8. 如何给这个规律定义呢?

我们可以把潜意识的运行规律叫做“吸引力法则”。

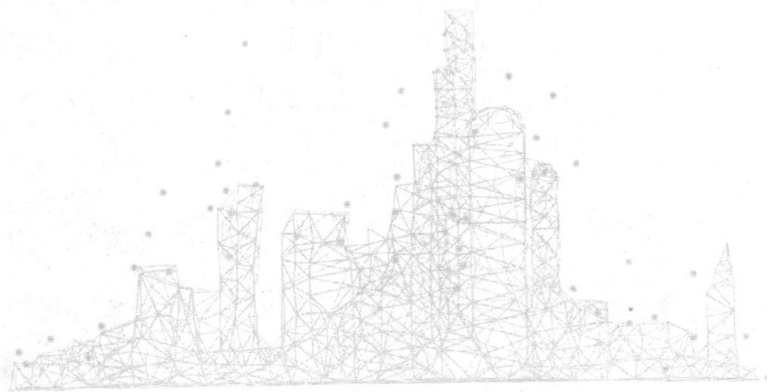

第3课

四处求索，不如回归自我

外在世界好比一面镜子，可以映照一个人的内心。如果你的内心是祥和、愉悦的，那么外在世界就是祥和、愉悦的；如果你的内心充满了悲观、绝望、斗争、怨恨，那么外在世界同样会以这样的状态示现于你。

我们的思想蕴含丰富的宝藏。所以，凡事不要向外索求，而要向内挖掘自己的潜能。大家虽然处在同一个空间，但各自潜能不同，层次不同，最后的结果也会不同。明白了这些，你就要为自己设定一个理想的目标，并坚定地朝着目标前行。思想坚定，行动就能坚定，最后习惯成自然，刻意练习变成自觉行动，进而内化成你强大的潜意识。

这就是我们在第三课要学习的知识：一切向内求，自己强大才能拯救自己。

1 显意识通过感官把信息传输给大脑和脊椎，大脑根据信息控制全身动作；潜意识依赖交感神经，通过胃部后面的太阳神经丛接收信息，然后控制身体的生理机能。

2 虽然显意识和潜意识受身体不同器官的支配，但二者在神经系统中互相作用，相互反应、相互促进。

3 “迷走神经”来自大脑，延伸到胸腔，分布到肺部和心脏，最后穿过横膈膜与交感神经交结，起到连接显意识和潜意识两套系统的作用。这两个系统合在一起，组成了

"人"这个物质实体。

4 大脑通过显意识的推理，接收信息并形成影像。当外在信息被认为是正确的，就会传输给潜意识系统，潜意识接受事实然后向外传递。如此看来，潜意识会对显意识所做的推理全盘接收并积极执行。

5 身体的中枢神经系统，像太阳一样发散能量，并让身体的各个部位接收到这些能量，因此也被称为"太阳神经丛系统"。

6 一个人的太阳神经丛发散的能量越多，对外界产生的吸引力就越大。他人与之接触会感受到他的人格魅力，并受其强大磁场的感染，从他的身上获得能量。

7 显意识能够激发身体的能量，让其不断运转。能量激发得越多，生命就会充满更多的愉悦与健康，和谐与活力，这种能量同样会传递给更多的人。

8 人对一切提不起兴趣，情绪低迷，精神和肉体受到各种困扰，甚至感觉自己一无是处，主要原因是太阳神经丛系统紊乱和失调造成的。

9 困扰来自两个方面，一个是环境上的困扰，另一个是思想上的困扰。前者是显意识思想通道关闭造成的，后者是潜意识通道不畅造成的。

10 太阳神经丛系统充当着能量交汇的枢纽作用，在这个交汇点上，进行着有限到无限，无形到可见，寂灭到创造的转化。

11 显意识的能量藏在身体所有能量的中心，使生命与智慧汇合于此，最终变成生命能量的全部。

12 显意识发出指令，潜意识遵照执行，二者相互配合，完美运行。

13 思维的质量、品格、特性受显意识思想的影响，最终形成人生的境遇。若要把不快乐的境遇变得快乐，只有让我们的内心充满照耀四面八方的光芒。我们要学习的是，如何获得这种让内心发出光芒的智慧。

14 太阳神经丛向身体发散温暖与光芒，如果头脑升起烦恼、不善的念头，就会使太阳的光芒消减；相反，和谐、愉悦的念头会让太阳升温，并且能量不断扩散。所以，要时刻保持希望、勇气、信心，使太阳更加温暖；不要让恐惧、忧虑、不安使太阳蒙尘，如此太阳丛的能量才会源源不断地供给身体。

15 我们之所以体会不到快乐，感觉不到幸福，是因为头脑里住着“恐惧”的恶魔，它控制着你的思维和念头，让你害怕每个人、每件事，让你越来越没有活力。只有将头脑中的“恐惧”清除掉，你生命中的阴霾才会消散，力量才会回来。

16 恐惧来源于不够强大的自己。当你认为自己才是真正的自我主宰者，并坚定地拥有这种力量的认知，就不会恐惧世间的一切。

17 我们必须捍卫自己的思想，那样别人才不会对你产生苛责和为难。如果不为自己的思想去争取，世界就会向我们发难。一个人越是害怕这种发难，就越不敢让自己的思想直面世界。对我们自己的思想抱有希望，思想才会带给我们更多。

18 自身会发光、发热的人不会担心外在的黑暗与恐惧，他会向外在发散力量、信心与勇气。为此，他们的积极心态会让一切障碍粉碎，并带着他们走向成功。

19 当你拥有了太阳一样的力量，黑暗又能把你怎么样呢？你那无穷的能量，可以带给别人力量、健康，还有和谐，又怎么会有畏惧？

20 知识是理论，实践出真知，我们可以像运动员锻炼肌肉一样去锻炼我们的认知。

21 不同领域的人有着不同的使命，无论是对物质科学产生兴趣的人，或有宗教倾向的人，还是偏爱某个学科的人都能找到属于自己的太阳丛，并让其发挥作用。

22 潜意识把显意识的意图，像镜子一样显示出来。如果想让潜意识按照自己的意愿行事，最简单的方法，就是把所有的关注点都放在向往的目标上，潜意识就会为你服务。

23 要想突破束缚和打破框架，就离不开创造。人的能量是无限的，没有固定模式和框架，所以很容易创造。

24 精神看似无形，实际是潜意识对显意识的响应。要想拥有精神上的无限创造性和力量，可以经由显意识去影响潜意识。

25 一堆燃烧的木头是不会被一杯水浇灭的。如果你是木头，请继续释放你的能量，不要让任何不能给你的目标带来益处的负能量进入你的心灵。

26 混沌的状态靠潜意识来分化而变得清澈。要达到目标这个“果”，就要在潜意识的“因”上施加动力。

27 动静结合、张驰有度才能对精神产生帮助。太过紧张会引起内心的不安、焦虑、恐惧，该放松的时候就要放松，这样精神才会表现得游刃有余。

思维练习

在开始练习之前，你要把你的思想想象成一匹不受控制的野马，时刻想着如何驯服它。放松肌肉、均匀呼吸，专注于当下，坚持这样的练习，会让你身体的血液循环变得畅通，压力会从你的神经当中一点点地释放出来，肉体的劳顿也会逐渐消失。

深吸缓呼，尽量让你的肌肉和神经全都得到放松，并想象自己正置身于大自然的鸟语花香中，此时你与自然和谐地融为一体。你身体的太阳丛将开始释放能量，你也逐渐变得充满力量。

智慧拾萃

1. 哪个神经系统驾驭显意识器官？

人体中枢神经系统。

2. 哪个神经系统指挥潜意识？

交感神经系统。

3. 身体靠什么产生能量并分发给各个部分?

太阳神经丛系统。

4. 什么会影响神经中枢分发能量?

一切负面的事物都会影响能量的分发，比如沮丧、混乱、抗拒，其中影响最严重的是恐惧。

5. 能量分发被影响会有什么后果?

会让生活变得一团糟。

6. 谁在控制和引导身体中产生的能量?

潜意识。

7. 内心如何才能不恐惧?

加强对能量来源的认知与领悟。

8. 什么决定了我们生活中的境遇?

我们的精神状态决定了我们的境遇。

9. 怎样才能激活能量?

专注于你渴望得到结果的事情上。

第4课

自信可以让你成为任何人

凡事有因才有果，但人们往往只看结果，却很少想原因。因为“果”是显现的，“因”是隐藏的。人的能量来自思想，而思想是无形的，所以容易被人误解或忽视。

美好的生命来自表达，是选择表达痛苦、悲伤、疾病和不幸，还是表达喜悦、健康、快乐、幸福，都是你自己的选择。如果生活是一艘船舰或列车，你就是舵手或司机，完全能够把握方向，将它开往任何你想去的地方。

你是什么样的人，取决于你平时的想法、做法和感受。如果一个人的思想是纯净的，他就不会受到污染；如果一个人深谙财富法则，也就找到了打开财富大门的钥匙。

了解因果法则的运行规律，可以帮助我们改变自己的想法、做法，乃至命运。因此，做一个幸福的人还是不幸的人，做一个弱者还是强者，做一个失败的人还是成功的人，都是自己说了算。

1 血肉之躯和心智思想共同组成了“自我”，但二者又都不是真正的“自我”，只能看作是工具。当“自我”需要行动的时候会用到身体；“自我”需要谋划、思考和推理的时候会用到心智。

2 “自我”是司令官，可以调动身体和心智为自己的意愿而服务。因此，“自我”具备强大的能量特质。

3　你可以成为你想成为的任何一种人，你的“自我”随时都可以产生新的思维，去推翻之前遗留的怪癖、习惯和性格特征。

4　“自我”的最大力量来自思想。人与人最大的差异是思想上的差异，很多人不懂思想的神奇之处，没有往正确的方向思考，得到的结果往往是幼稚的、自私的。有些人往好的方面思考，就做出了积极而正确的事情。

5　愚蠢的人往往认为自己最聪明，喜欢利用别人的弱点让自己受益，这样的举动不但无法受益，反而会让自己受损。

6　不同的个体组成了同一个宇宙，个体与个体之间要合力建立幸福，这样才能让个体和整体都产生利益。

7　明智的人，会把注意力集中在一个目标上并全力以赴，会打消游移不定的想法，不会把时间和金钱浪费在无益的目标上。

8　播什么样的种子结什么样的果，要不断运用“我是谁，我自己说了才算”的思维，强化自己的意志和力量。

9　要想奔跑在成功的路上，就要理解“自我”的强大内涵；每个“自我”都具备和谐统一的创造力，要想无往不胜，就不要忽视你的创造力。

10　无论何时何地，都要重复去说“我将成为我想成为的人”这句话，直到变成习惯，并成为生命的一部分。

11　开始容易，坚持很难。很多人之所以失败是因为没有坚持下去。做事没想好就不要开始，一旦开始就要不受任何干扰、坚定地完成。这是你的“自我”在做决定，除了积极完成，没有任何讨价还价的余地，更不能虎头蛇尾。

12 胜人者力，自胜者强。战胜自己并不比战胜别人容易。从生活中的细微之事努力做起，慢慢拥有对事物的掌控感，不要轻易推翻你的“自我”，你终将像一滴水足以折射太阳的光辉那样战胜自己。

13 那些攻无不克、战无不胜的人，往往是因他们的内在力量战胜了外在世界。所以，要想让成功变得简单，先要战胜“自己”这个最大的敌人。

14 上帝之所以被认为是“无限的全能”，是“自我”掌管的“内在世界”形成了一种无限的精神和能量，最终变成了无所不能的状态。

15 有一种观点认为，“人一直身处万物产生的无限永恒能量中。”该观点已经被无数科学和哲学所证实，这是我们要接纳的事实。

16 科学发现了能量的永恒性，哲学在能量背后发现了更强大的力量，这就是人的“内心世界”。

17 你想给别人一碗水，自己先要有一桶水。你若软弱无力，又怎么能帮助别人？所以，先让自己富有和强大起来，才能施惠于人。

18 每个人都拥有无限潜力，能量永远不会枯竭。努力去开发让自己受用不尽的能量宝藏吧。

19　真正的控制力不是克己忘我，也不是目空一切。

20　我们要辩证地看待施予：给出去的越多，得到的就越多。宇宙时刻处于能量平衡的状态，宇宙不断做出有益的事情，因为给予人类帮助，才有了永恒的活力。

21　静能生慧，你要把所有精力放在内心世界，越是不拘泥于目标和计划，越能在内心力量的指引下找到能量赋予精神的通道，机遇自然而来。

22　生命等于精神，精神存在，生命就有了灵魂；没有了精神，生命也就消逝和熄灭了。

23　操劳过度的肉体会疲累，精神也一样会感到倦怠。所以，要经常进入一种“寂静”的状态，让精神得以休息。精神饱满才能思考，而思考会带来一切成就，所以，要像放松身体一样，经常让精神得到休息。

24　思考是“自我”的产物，爱和激情赋予思考的活力。同时，思考也是神圣的，并且具备精神上的创造性。

25　当我们唤醒内心的激情，就可以让思考成形并释放能量，财富和其他创造性的意图皆源于此。

26　思考也可以通过锻炼变成习惯。对一件事进行思考，第一次不容易，第二次就会有改观，如果能反复练习下去，思考就会变成一种强大的精神习惯。

27　做自己的主人就是要让精神时刻处于放松的状态。精神放松才能不受外界奴役，获得自由。如果暂时做不到，可以不断练习，直至熟练掌握。

思维练习

清空自己的大脑，进入不思考的状态，把眼睛闭上，想象自己像一片羽毛一样轻松自在。将头脑里的焦虑、不安、失望、悲伤、愤怒、憎恨……所有负面情绪统统抛开，你会感觉到身体变得越来越轻。

开始你可能做得不是很好，不要气馁，相信自己无论做什么事都会越来越好。要把头脑中那些打击自己信心的消极想法剔除掉；这些想法就像庄稼地里的杂草，必须时刻警惕，以免它们疯长，占据内心原本的笃定与和谐。

智慧拾萃

1. 如何定义思想？

人的精神能量称为“思想”。

2. 思想如何在人的头脑中运行？

思想通过头脑和身体产生共振的原理运行。

3. 怎样让思想充满活力？

思想在爱的定律和激情的赋予下才会保持活力。

4. 如何让思想成形？

思想遵循不断增长的规律，最后成为稳定的状态。

5. 创造性能力指什么？

精神的活动可以归结为创造性的能力。

6. 如何开创美好的感觉？

认识到精神的本质，然后锻炼正向的思考能力。

7. 如何使你的能力越来越强？

帮助别人越多，自己的能力就会越强。

8. 为什么帮别人能使自己变强？

欲要取之，必先予之。

9. 如何定义“寂静”？

寂静是内心安宁的表现。

10. 安宁能创造什么价值？

内心安宁才能控制和主宰自我。

第5课

失去了渴望，
也就失去了可能

人类的创新思想给世界带来非常大的进步和发展。我们常用“只有想不到，没有做不到”来形容思想的力量。这句话是对我们精神世界活动的高度浓缩。那些通过思想为世界做出卓越贡献的人，同样得到了世界给予他们丰厚的精神和物质馈赠。

思想不是魔术师，它遵循自然法则并发挥作用；思想为自然能量提供推动力，并在你的一切所作所为中体现出来，而这一切又会在你与你的朋友以及所有相识的人之间发生作用，最终影响你的整个生存环境。思想具有创造性，人可以善用思想为自己创造想要的一切。

1　潜意识占据了我们精神生活90%之多，因此，对于不善利用潜意识力量的人来说，他们的生命受到了很大的局限。

2　潜意识总是处于工作的状态，知道如何引导潜意识，它才会为我们解决各种问题。

3　我们肉体的各个角落都渗透着精神，肉体引导或影响着精神。而引导或影响的指令可能来自于客体，也可能来自于在心智中占主导地位的想法和观念。

4　渗透在身体中的精神，很大程度上来自遗传。这种遗传又是世代祖先对以往境遇作出反应后形成的生命力量。如果我们理解了这个事实，就可以正确看待自身所表现出来、令人不快的行为或性格特点，并利用自身的能量去克服缺点，提升自己。

5 我们可以有意识地发扬自身令人满意的性格特点，摒弃、修正或隐藏那些令人不满的性格特点。

6 至此，我们的精神意念不单单是遗传导致的结果，而是自己的事业、家庭、社会共同作用的结果。还有成千上万的人用他们的思想和观念影响和启发着我们，以及我们自己有选择性的主观思考。当我们面对这一切的时候，一般是不会考虑和进行检验的。

7 从古至今，这就是我们创造、再生自身的方式。今日的我是昔日之我思考的产物，明天的我也将按照今天的思考方式塑造自己。这也是吸引力法则的内涵。你所吸引的不是别人给你的，而是我们“自身”所思所想的结果。不管是有意还是无意，大部分人都在靠这样的法则创造自己。

8 我们打造物质家园（房子）的时候，不会放过任何一个细节，从周密计划到认真选材，但在建设精神家园的时候往往漫不经心。事实上，精神家园的重要性远远胜过物质家园。因为，我们生命的质量和对待生活的态度，皆取决于建造精神家园材料品质的好坏。

9 建造精神家园的材质是什么呢？它是以往我们储存在潜意识中的一切外在印象的结果。如果印象是焦虑、恐惧、忧愁，那么表现出来的也一定是怀疑、负面、消极的状态；这样的精神家园的材质没有任何价值，反而会给我们的生活带来更多负面的影响，让生命充满苦痛与怨恨。于是我们只好不停地修补，好让它看上去至少还像模像样。

10 假如我们储存在潜意识中的思想是勇敢的、乐观的、积极的，同时拒绝接受那些负面的想法，并积极改造已有的负面想法，那么，结果会怎样呢？这样的精神材质无疑是优质的。我们可以挑选一切我们想要的材质，我们喜欢的颜色，让我们的精神家园既坚固又美观。我们可以毫无恐惧和焦虑地面对未来，而不会再劳神费力。

11 以上的思维过程，放在心理学层面都是事实，不是猜测也不神秘。任何人都可以轻松地理解并运用。所以，我们要做的就是保持精神家园的洁净、温暖并日日更新。这样的精神家园对于我们日常生活有着非常巨大的影响力。

12 只有先给精神家园打好基础，我们才能有更多的剩余材料来打造渴望实现的理想或愿景。

13 那是一片良田美地，四周满是清澈的水，坚固优质的木材，宽阔无限的田园庄稼，而且还内藏名贵书画、奢华舒适的华屋广厦，这些都等着你去接收。你是它们的继承者，占有并使用这些良田美地，不让家园荒芜，是你的责任。使之荒废无用将视为自动放弃所有权。

14 在精神能量领域内，你的确拥有这样一处房产。你是能够占用并使用这份丰厚资产的继承人。你要让你的资产发挥最大效用，给房产营造和谐、健康、兴旺的景象，这就是你资产中的净资产，它必将给你带来更多的安乐与幸福。你失去的只有你的局限、软弱和被奴役的状态。它为你披戴自尊的锦袍，把权杖放在你的手中。

15 要想得到这样丰厚的资产，有三个步骤是不可缺少的：真诚渴望、主张权力、势必占有。你必须带着最强烈的渴望，努力去尝试，最后得到改变才能占有它。你得承认，这些条件并不苛刻。

16 达尔文、赫胥黎、海克尔等生物学家对遗传学进行了大量的研究和证实，人类进化离不开遗传法则。人类拥有直立行走、运动能力、消化器官、神经系统、血液循环、骨骼构造等多种能力，都是遗传的功劳。

17 还有一种遗传由于太过深奥，生物学家并没有研究出来。这种遗传可以称为非凡的遗传，科学也无法给予明确的定义。

18 这个非凡的遗传就是人类自身，感官意识就是进入这个“自身”的大门。敞开这扇大门，就找到了力量的秘诀。这难道不值得我们花费一点工夫去琢磨吗？

19 生命和能量的诞生都来自内心世界，这是一个不争的事实。你的需求和境遇或许受生活环境或遇到的其他人或事的影响，但真正的力量与境遇却完全来自你的内心。

20 内心世界也有赝品，你需要识别真伪。这样你才能为自己的精神家园打下坚实的基础。

21 你建造了美好的精神家园，也意味着你的生命得到了重生，拥有了之前不敢梦想的力量，变成再也不会恐惧、犹豫、怯懦的全能者。你的心中会升起无穷的潜能，变得无所畏惧。

22 这股力量是由内而生的，只有付出才能获得。新能量的获得需要释放掉之前堵塞的能量，如此才能达到平衡。生活的每个层面，每次努力，都是如此。想要身体强壮，就要花心思去锻炼；想要积聚财富，就要学会付出和投资，这样才能赢得丰厚的回报。

23　生活中，这样的平衡到处都有体现。商人如果不出卖他的商品，就不会有利润；公司如果不能提供高效服务，就不会赢得客户；律师如果不能为当事人有效辩护，就不会有长久的职业生涯。精神领域也是如此。只有勤加运用精神能量，才能得到更多的能量。如果没有了精神，只会一无所有。

24　如果我们认可了“精神的力量才强大”的事实，就拥有了获取精神、心灵、物质等各方面力量的能力。

25　每个人都有一柄神奇的魔杖来获得财富。这个魔杖就是精神的力量，它帮我们拥有有效的理念、安排可行的计划，在收获成功的满足感中得到快乐。

思维练习

现在，请继续坐在你前几节课练习的那个座位上，保持和之前同样的姿势，深深地吸气，缓缓地吐气。闭上眼睛，在你的脑海中描绘出一幅完美的图景——房屋、大地、树林、朋友、聚会……一切你觉得满意又开心的情景。刚开始，你会发现你的思维不知不觉跑偏了，你不但想不到美好的图景，反而还会让糟糕的画面跑进你的脑海里。但别灰心，最终的胜利来自坚持，这种坚持需要你天天做这些练习，不能间断。总有一天你会惊喜地发现，你已经有了很大改变。

智慧拾萃

1. 人类的精神能量有多少属于潜意识范畴?

潜意识的主导地位大约占人类精神能量的90%之多。

2. 人们对潜意识的利用如何?

大多数被忽视了。

3. 为什么人们的潜意识没有被好好利用呢?

大部分人没有重视自己的主观能动性。

4. 显意识发送指令的根源是什么?

先人的经验带给我们的遗传结果。

5. 吸引力法则回馈给我们的最大财富是什么?

我们“自身”。

6. 什么是“自身”?

早先的经历和意识形成的显意识和潜意识之和,就是我们“自身”。

7. 什么是建造精神家园的材质?

我们美好的想法和观念。

8. 我们体内的能量从何而来?

内心世界是能量的源头。

9. 如何获得能量?

对自己的能量能够进行充分的掌控和利用。

第6课

专注的人能
和所有美好发生共振

思想的能量在于聚焦。如果思维闲散、神游太虚，能量无法集中，就不会有任何成就。反之，如果全神贯注、把意念集中于一个目标，任何事情都能做到。

思想能量的获得是一个循序渐进的过程，是先有需求，然后行动，最后收获。这样的过程，会让我们一天天蜕变成全新的“自我”，收获无数个不同于今天的“明天”。在这之后，你就有能力创造自己渴望的东西，比如健康、成功、财富等。

在创造财富的路上，我们要时刻怀着一个崇高的道德理念，那就是“为最多的人谋求最大的利益”。如果你为了自己的获得而侵犯别人的权力，就是给自己的道德设置障碍，那样你在前进的路上就会遭遇接连不断的磕碰。

永恒的梦想、坚定的渴望、和谐的关系会帮助你实现目标。相反，成功最大的障碍，是错误的、固执的理念。要想与永恒的真理合拍，我们就必须保持内在的平衡与和谐。

思想是心智的产物，心智是具有创造力的。但这并不意味着外在的世界会改变它的运作方式来适应我们，而是意味着我们能够与外在世界保持和谐良好的关系。当我们能够做到这一点时，才有资格索求那些我们配得的一切，我们的前方也必将会是康庄大道。

1 生命中发生的无限可能，获得的实用能量和无穷结果，均来自深不可测的宇宙精神，也就是“自我”。

2　心灵既是精神智慧，也是物质存在。那么，我们如何分辨精神形态的分化，又怎样才能获得我们渴求的结果呢?

3　以电的功效为例，电学家会说：“电是一种运动的形式，它的功效取决于它的运动方式”。运动方式的不同决定了电的功效不同，因此我们有了光、热、音乐、电力等可供我们使用。

4　思想也有功效，它也像电有运动方式一样，思想是精神思维的运动结果，思维不同，思想的功效也不同。

5　这就是一切精神能量的奥秘所在。精神能量的高低取决于我们的思维机制。

6　任何事物都离不开机制原理，器械有操作原理，汽车有驾驶原理。但我们大多数人却没有重视我们的“大脑”，它有着伟大的生命机制。

7　这种机制赐予你用来创造奇迹的源动力，对这种机制透彻领悟，让你有能力改造整个世界。

8　我们在无所不能的精神世界存在、生活和运动，这个世界充满能量并能随时回应我们的渴望。这种回应与我们的信念和目的成正比，也就是说，“你的信念如何，你的力量也如何。”所以，我们的信念应该具备创造性和建设性，如此才能产生充足的力量去实现目标。

9　大脑是思维与外在世界互动并产生结果的器官。你喜爱文学、音乐、美丽的大自然，并且不受时空阻隔与现代或古代的智者实现共鸣。这都是因为你的大脑里已经有了一个能够与美产生沟通的轮廓。

10 自然界中的任何原则和美德都来自大脑这个宝库，大脑是一个胚胎结构的世界，它在任何需要的时候能够发展成形。如果你相信这个真理，就领悟到了大脑可以创造成就的神奇机制。

11 神经系统与电路相似，它有一个能够产生能量的细胞蓄电池。神经纤维就是绝缘电线，我们内心的渴望和冲动就像电流一样，在这个电路中运行。

12 大脑发布的信息通过脊髓这个感官渠道进行接收和传递；脉搏跳动和血液循环唤醒我们的能量；最外面的肌肤覆盖着整个身体，全部身心就这么完美地架构成了一个机制运行系统。

13 我们身心的架构就像一个"永生之神居住的宫殿"，把这个神殿掌管得是好还是坏，取决于我们对这种机制认知与运用的深浅。

14 推动脑细胞的能量和活力，是我们的想法。刚开始，脑细胞中的物质会拒绝这种想法并给予回应，如果想法足够集中和精确，脑细胞物质就会屈服，并用完美的方式表达出来。

15 心灵的影响力能作用于身体各个部位，并且能消除令人不舒服的状态。

16 对精神世界法则的领悟和运用，能够提高人的洞察力，使人能更全面地理解问题，进行客观判断，这一运用在商业上也将产生巨大的价值。

17 那些专注内心世界的人，会正确使用这种力量并形成优势。他们不会遇到阻碍，能够与世间最为美好、坚固、令人向往的一切发生共振。

18 专注是所有成功的首要条件，越集中精神和意念专注地做一件事，越能产生难以置信的结果。无论是追求成功还是渴望幸福，专注都是一门值得学习的功课。

19 专注就像放大镜，只有聚焦阳光才能产生威力。如果让光柱左摇右摆，放大镜就没有任何能量；如果静下来把光线集中，停一段时间，就会看到聚焦的奇妙效应。

20 思想的能量也是如此。如果思维闲散，能量无法集中，就不会有任何成就。但通过全神贯注、把意念集中于一个目标，假以时日，完成任何事情都是可能的。

21 集中精神固然重要，但锁定目标才是前提。如果没有目标，精神集中是一件非常困难的事。没有目标吸引的注意力，一不留神就偏离了。多次反复偏离就会前功尽弃，一无所获。

22 想要拥有集中意念这个奇妙的能力，对抗生活中的困难和挫折，离不开不断地练习和实践，如此才能熟能生巧。

23 那些成功人士，选择远离闹市过隐居生活，目的就是为了在简单纯粹中学会思考和计划，还心灵一片净土。

24 很多人已经在这方面做出了榜样，我们也可以学习他们的思考方式，即使无法具备如他们一样的天赋和能力，但也会有所收获。

25 一个价值连城的金点子不是凭空而来的，往往是那些有准备的人想出来的。所以，我们要给自己打造一个随时都会冒金点子的心灵模式。

26 学习与宇宙万物保持和谐一致，是思维的基本法则和原理。这将是改变环境，让人生变得更加美好的途径。

27 你的精神进步、心灵成长了，你周围的环境和际遇也会随之改变。认识伴随着成长，激情伴随着行动，洞察力伴随着机遇。一切总是源自心灵，然后才是无边际、无止境的进步。

28 个人不过是宇宙分化的渠道，因此进步的可能性必然是无穷无尽的。

29 思想的形成有赖于对能量的汲取。这本书阐明的方法就像能量，但只有不断实践才能变成你的思想。认真领悟并做到这点，才真正找到了开启智慧之门的钥匙。

30 人生有两种苦难：精神焦虑和肉身病痛。这些可以追溯到某些违背自然法则的行为上，是我们有限的认知造成的这种违背。只有消除以往不完备的认知，重塑和提高自己，才能消除过往形成的悲苦境遇。

思维练习

为了培养全神贯注的能力，选一张人物图片，然后回到刚才你坐的那个座位上，保持最初的姿势。仔细观察这张图片，至少持续十分钟，注意图片中人物的眼神，面部特征，衣着装扮，发型样式等。也就是说，注意照片上的每一个细节。然后，遮盖住图片，闭上眼睛，试着用心灵来重现这张图片，如果你的脑海中出现了这张图片非常清晰的图景，那么就要恭喜你了。如果不能，那就重复这个过程，直到成功为止。

这一章练习是为了锻炼是否能做到意念集中。我们把这样的练习视为“松土”，后面我们还会继续学习如何“播种”。

智慧拾萃

1. 电的运行效能是什么?

光、热、音乐、能源等都是电通过运动产生的结果。

2. 这些结果的产生靠什么机制?

电力经过使用才产生结果。

3. 人与外在世界互动产生哪些结果?

产生人生的各种际遇。

4. 这些际遇怎样改变呢?

通过我们的大脑。

5. 大脑改变际遇的原理是什么?

行动受大脑思维的支配。

6. 意念集中的能量是什么?

能够锻炼专注力，走向成功，做出成就。

7. 怎样做到专注呢?

进行实践和训练。

8. 全神贯注为何重要?

这是掌控思想的过程，思想专注，才能有好的结果。

9. 如何在不断变化的环境中积累成效?

学习“建设性”地思考。

第7课

先锁定目标，再把目标可视化

我们生活的大千世界是由两种东西组成的：一种是可以通过感官识别的有形实体，另一种是精神主导的非实体。非实体受精神支配，往往更重要。人也是有形身体和无形精神的结合体。显意识通过有形的身体进行选择和解决问题；潜意识却是通过无形的精神接受指令执行任务。精神虽然依附于身体，但却超越身体，是无限力量的源泉。精神和意识就像人类的无限宝藏，如果能让精神支配潜意识，那么就等于找到了打开宝库的金钥匙，可以让“无限”的资源受自己支配。

所以，我们要怀着接纳、赞赏、理解与认同的心理来学习这个神奇的力量，然后让这个力量成为你无所不能的武器。

1　建造万丈高楼要先设计图纸，胸中有竹才能把竹画在纸上，开凿隧道也要事先确定不同部位的受力方案。这些都是做事的基础，先打好基础才能实现目标。

2　运用潜意识先要设定一个目标，目标不论大小但需用心，你必须对所设计的目标负责，并愿意付出心血努力去完成。

3　设法让你的目标或意图变得清晰美好。不要考虑达成目标所需的成本，也不要被自己的思维所局限，而是要让思维自由奔放，在想象中构建一个不受控制的宏大图景，并时刻告诉自己：除了你，没人能够限制你去实现它。

4 绘制美好清晰的目标图景只是第一步，让它在你的心中生根才是关键。你必须耕耘才能有所收获，你付出了多少力就能收获多少果，这是一个亘古不变的真理，没有行动的目标等于空想。

5 方向不对，越努力离目标就会越远。所以，行动之前不要盲目。如果不知道努力的方向，停下来就是最好的进步。这时，要静下心来思考自己想要什么，计划做得如何，把时间多用在总体规划的细节上。知道了方向再去努力，才会离目标越来越近。

6 为目标画像，就是让你的目标仿佛在眼前一样清晰可见，如此你就能考虑到完成目标的细节。当细节在你面前展开，随之而来的就是实现它的方法和步骤。一环扣一环，思想引发行动，行动产生方法，方法带来结果，而结果又会改变你的境遇。最终，你将会大功告成。

7 你可以根据自己的意愿对思想进行塑造。就像建筑师设计房子那样，不但要提前在脑海中给房子设计图纸，还可以设计样式。不论是宫廷别墅还是亭台楼阁，不管是华美绝伦还是淡雅朴素，一切都是你说了算。当你把思想当成模具来塑形时，最终你想象的房子就诞生于这个模具里。

8 史上最伟大的发明家之一——尼古拉·特斯拉，拥有神奇的天赋，创造了很多令人称奇的作品。他成功的方法就是在创造之前，先让目标在头脑中可视化。他说："用这种方式，我得以迅速提高并完善一种想法，而不需要碰任何物件。当我设计出我所能想到的所有改进方式，看不出任何纰漏的时候，我才让头脑中的产物具体成形。我设计制作的产品最终总是与我所设想的一模一样，20年来无一例外。”

9 想成为被人景仰的领袖人物或非凡的思想者，前提是你要拥有信念。这个信念能给你勇气和毅力，也能给你无往不胜的信心。有了这个强大的意念，你就会排除万难勇往直前，并摒弃掉一切杂念，把思想完全集中在达成目标这件事情上。

10 再好的工艺也无法用劣质的土烧出上好的瓷器，所以，成品的价值离不开所选材料的优劣。因此，要想做出好成品就要在选材上下功夫。思想的材质就是每一个脑细胞。

11 每个人的身体里有超过五百万的优质脑细胞，它们不知疲倦地塑造着我们的精神，它们在你需要的时候帮你冲锋陷阵。除此之外，还有至少是同等数量的预备力量，它们也在随时待命，哪怕是出于最微不足道的需要，它们都是你可以调用的上好材料，帮你做出最明智的决策。

12 创新让人新奇，重复让人厌烦，对于自己设定的目标和意图，只有不断地重复才能让目标清晰可见。重复不是无用功，而是让头脑中的目标变得越来越立体、生动、清晰和准确。唯有如此，你的思想才会越来越聚焦目标，最终创造出你渴望拥有的结果。

13 人的内心拥有超自然的巨大力量，但很多人对此却懵然无知，并且还会不断去“外在世界”寻找这种力量和能量。

这不是很可惜吗？人一旦意识到向内寻找，拥有了这种力量并从生命中彰显出来的时候，你就会惊叹：“原来自己拥有如此强大的力量啊！”

14 我们的内心才是主体，外部环境是客体。要让内心世界变得丰富美好，外在自然会呈现出内在拥有的这个状态。内心世界如同一块洁白的布，困扰我们的念头和思维的东西如同落在白布上的污点，如果你不予理会，那个污点全然无存。反之，如果你把关注点聚焦于污点，它就会被放大，最后遮挡了整块白布。所以，永远不要因为外在的瑕疵忽略了内在的美好。

15 一切目标的达成有赖于强烈而真挚的渴望。渴望带动意志，意志催生行动，行动促成目标实现，这是一个正向循环法则。所以，在内心描绘出一幅渴望的美丽蓝图，给予它必将实现的信念，方法和手段自然会来指引你，让你在正确的时间做出正确的决定，最后达成想要的结果。

16 人人渴望得到富足、健康、权力和金钱，但在不断追求的过程中，常常偏离方向，导致无法如愿实现。因为大部分人选择“向外”求索，而忽略了内在的力量。人的内在世界是“因”，生成的外在事实是“果”，只有让内心充满智慧、寻求真理，力量的源泉才会显现，才会创造出渴望的结果。

17 我们想要一个好的结果，就不要忽略过程。就像小孩子换牙一样，如果想要新长的牙齿整齐、坚固，就不要总去舔碰或是摇晃松动的牙齿。越是在过程中表现得坚定、乐观、充满信心，对目标不动摇，越能收获好的结果。

18 所谓吸引力法则在于你怎么想，怎么做。你的内心充满力量和勇气，就能吸引丰饶和富足；你的内心充满恐惧、匮乏，就会吸引来贫困和潦倒。

19 思想是能源，它是创造财富的动力，你在生活中遭遇的所有经历，都取决于此。如果拥有开放的心灵，就会得到源源不断的力量，新的机遇会到来，新的知识也会为你所用。

20 你要经常问问自己，你是否能够坚持“自我”？如果你不能与“自我”同在，就无法成为引导者，只能充当被引导者，那样无疑是在随波逐流。当一个新的发明和技术被提出来的时候，反对的都是大多数，坚持的是少数，我们要做那些少数的引领者。

思维练习

你本次的练习是，把你的一位朋友在你的脑海中视觉化，直到你的头脑中清楚地出现他的形象——就像你最近一次看到他时那样。在脑海中想象屋子和家具，重复你们对话的场景；看他的面庞，仔细清楚地观察；就某个共同感兴趣的话题和他进行交谈；观察他的表情变化，看他的微笑。在这个过程中，要相信你自己可以做到。接着，看他对你的话题是否产生兴趣，告诉他一次历险的经历，看到他听故事时开心兴奋的样子。如果你能做到这些，恭喜你，你在锻炼想象力方面迈出了很大一步。

智慧拾萃

1. 如何让目标变得可视?

在脑海中把目标提前勾勒出来，并逐渐实现，这个过程就是可视化。

2. 目标可视化能有什么好处?

内心的理想景象，能够引导外部行动，最终实现目标。

3. 为什么要定一个理想的目标?

好想法决定好结果。

4. 为什么要让目标清晰准确?

视觉产生意念，意念决定行动，行动带来结果。

5. 如何获得大脑中目标蓝图的原材料?

脑细胞是大脑思维的原材料。

6. 如何让理想实现?

一切境遇都离不开吸引力法则。

7. 如何让吸引力法则付诸实践?

有赖于强烈的渴望、自信的意念和积极的追求。

8. 人为什么会失败?

总恐惧失败就会吸引失败。

9. 如何做到正确运用吸引力法则?

专注于美好的目标，并渴望实现它。

第8课

和宇宙保持平衡，和万物保持一致

我们生活的大千世界看起来纷繁多变，没有规律，像是一种随机又偶然的状态，其实不然，生活之所以和谐美好是按规律运行的结果，否则世界将会变成一片混沌和空虚。

规律的形成依赖于思想，思想是一切善恶或美好的源头。思想如果具有建设性并且和谐美好，结果就会和谐美好；思想具有破坏性并且杂乱，结果一定也是如此。

成功的人之所以成功，往往是遵从这个规律的结果；失败的人之所以失败，是违逆这个规律的结果。就像爱默生说的那样："你整日思考的，即是你所成为的。任何曾经成功戒除坏习惯的人都知道，正确的思维方式是改变的基石。思维改变的程度即是欲望改变的程度。欲望产生于思想。你不管思考什么，思考都将创造你的生活。如何思考决定你将成为什么样的人。想象成功即可产生成功；预想失败即会造成失败。改变生活须先改变思想。思想是所有改变发生的根基。"

爱默生正是靠着这种建设性的思想，把一生过成了诗，既美好又和谐。

因此，我们要时刻牢记"种下什么样的种子，收获什么样的果"，如果是破坏性的思想，那必将收获苦果。

1 思想和一切生命物种相似，需要一个生长的过程，最终长成预期的样子。因此，给思想一个建设性的习惯，帮助它成长，使其成为一个外在显现的美好状态。

2　你可以让思想不受控制，但思想的结果受制于一条永恒的原则，那就是：任何持久的想法都会在个体的性格、健康以及行为处事中产生影响。所以，要选择好的思维习惯去取代有害的思维习惯。这样思想对个体才能产生积极的影响。

3　我们知道精神是无形的，不易掌控，但还是能把握，方法就是：从现在起，觉察自己每一时刻的想法，努力把破坏性的思维习惯赶出头脑，有益的思维就珍视和保留它。

4　不要让没有益处的思维进入你心灵的大门，从而影响你的工作和世界。你必须像呵护一颗种子一样去珍视建设性的思维心态，让它生长、发展，最终结出硕果。如果你的思维有混乱和恶意的倾向，并导致了许多不和谐的环境，你必须培养一种精神状态，帮助你纠正原本错误的思维意识。

5　想拥有建设性思维，应以想象力为先导。想象力就像一束光，可以启迪心智，让我们看到一个崭新的思想和经验丰富的内在世界。多少发明家、发现者正是借助“想象力”这个工具，把之前认为的“不可能”变成了实实在在的经验。

6　优秀影片离不开剧本，好的剧本源于编剧的想象力。想象力可以把碎片化的材料编织成理想化的实物。我们理想的未来也是建立在想象力的基础上，用头脑中的思维把理想变成现实。

7　任何伟大的事物都离不开思想的创造，思想在创造的过程中需要想象力的运用。所以要有意识地练习，才能培养出想象力。

8　想要肌肉强壮就需要锻炼，思想的强健也需要营养和锻炼，否则想象力就不会提升。

9 想象力不是异想天开，更不是不切实际的白日梦。白日梦是一种精神的放纵，不但对人无益，还会导致精神涣散，一定要将二者加以区别。

10 有人认为建设性的想象力是一项运用高强度脑力劳动的苦差事。即便如此，想象力也会产生丰厚的回报，因为生活中一切伟大的创造和成就，都离不开那些具有思考能力、想象力和努力实现梦想的人。

11 心智是创造力的源泉，并且表现得无所不能、无所不在和无所不知。如果把思想的力量与这种全能力量保持和谐一致，那么就等于沿着正确的方向前进了一大步。

12 一切能量由内而生，要接受这种力量就需要训练。为了做到这一点，我们必须拥有一颗善于接纳的心，就像锻炼身体一样让心智不断提高和发展，才能全然接受这种全能的力量。

13 吸引力法则按照你的习惯、性格和精神状态回馈于你。而精神状态的好坏不是靠读一本书或一次祈祷就能改变的，习惯和性格的形成也不能靠一瞬间变得积极、强大或富有创造性。如果你总是沉浸在软弱、憎恨的负面思维中，就不能指望吸引力法则帮你带来美好、强大、和谐的境遇。

14 一切为人所用的力量都存于内心，你要认识到这种力量的存在，然后主张对其所有权，把它融入到意识中，直到你与之合而为一。

15 人人希望健康长寿，为了达到这个目的，人们会选择经常锻炼、健康饮食和保证睡眠，但收效甚微。原因是只注重了表面功夫而没有意识到自我同生命的“合一”。一旦确认了思维与生命的同一性，就会发现自己变得耳聪目明、步伐轻盈、活力四射；也会发现自己找到了一切力量的源泉。

16 人的进步和成长离不开知识。知识是一种精神力量，对这种知识的认知和证明构成了人的核心能量。

17 知识是人类思维能力的结果，思想是人类意识进化的结晶。当一个人的思想止步不前，他的理想也就开始走下坡路，能力也会随之土崩瓦解，他的容颜也会逐渐显露出境遇的改变。

18 但凡成功的人心中都充满理想，他们始终明白为实现理想要做哪些准备和行动。为了实现理想，他们会产生积极向上的能力，从而吸引到和谐与富足。如果你也忠诚于理想，并时刻为理想做好准备，你将听到自我的召唤，因为理想的实现与你对理想的忠诚度息息相关。

19 理想的实现依赖于思想，思想通过想象力来工作，心智把外在的环境转变为通往成功的阶梯，如此，我们可以说一切伟大事物的诞生都离不开人的内在力量。

20 多数人产生不安和波动，是因为只看到了表面的结果，而没有探究背后形成结果的原因。

21 如同漂在海上的巨轮，肉眼看去似乎一切都是死寂和静默。事实上，巨轮如同冰山，露在海面上的只是少量身躯。

22 巨轮看起来顺从听命，默默无语，事实上它的内在有着千钧之力。有作战能力的优秀军官驾驭着它能够发射炮弹，击溃敌人。万物似乎已把它遗忘，但它却对周围的事物尽收眼底。对巨轮的这一联想，就是我们的想象力。

23 再想象一下，这艘巨轮是由上千个铸造机械厂的工人通过开山凿矿，装车运铁，熔化锻造出的钢板，组装而成。

24 那么，这艘巨轮是如何诞生的？又是怎么来到海面的？假如你是一个用心的探究者，一定想知道答案。

25 为什么要建造这艘巨轮呢？你开始假设，也许是国防部长的命令；也许这艘巨轮在战争开始之前就被设想出来了，有人赞成，有人反对。继续思索会让你明白，如果没有人发现“钢铁般的庞然大物能够浮在水面而不沉没”的规律，就不会有这艘巨轮的诞生。

26 所以，巨轮最初是无形无物的，只是存在于造船人的脑海中。我们的思想由巨轮起始，最后在自己的思维中终结。我们发现，对于任何事情的看法，都是思想在负责，很多人却忽视了这个问题。

27 如果我们的思想能够透过事物的表象，一切就会与之前截然不同。微不足道的事情变得意义深远，索然无味的事情变得趣味无穷，我们认为无足轻重的事情会变成生命中至关重要的事物。

思维练习

你本次的练习是，选取一件物品，追根溯源，看看其究竟是什么。这样做可以培养你的想象力、洞察力和直觉。你若浮光掠影地观察是无法获得这些能力的，只有透过事物的表象进行观察、分析才能获得。

智慧拾萃

1. 什么是想象力？

一种建设性思想，启迪我们洞察思想和经历新世界。

2. 为什么要培养想象力？

想要拥有美好未来，大展宏图，就离不开想象力这种高级思维。

3. 如何培养想象力？

需要进行不断地训练。

4. 想象力和白日梦有什么区别？

想象力具有建设性，白日梦是空想。

5. 人为什么会犯错？

无知导致的结果。

6. 知识是什么？

知识是人的思考能力。

7. 运用什么力量能构建成功？

心智是成功的基础。

8. 什么预先决定了结果？

坚定的信念是理想实现的基础条件。

9. 对事物的表象进行观察和分析的结果是什么？

使想象力、感知力以及洞察力实现增长。

10. 最终将带来什么？

和谐与富足。

第9课

你变了，世界就变了

有句话说：“你变了，世界就变了。”我们想要改造环境，前提是先要改变自己。

大千世界，每个人的性格各不相同，表现出来的行为方式和生活状态也不同。有的人热情大方、勇敢坚强、胸有大志；有的人却焦虑不安、烦恼重重，什么事都不敢尝试；有的人自信乐观，有的人内向羞怯……

任何一种性格都不是与生俱来的，而是后天逐渐形成的结果。有一种改变性格的方法，那就是用自信、勇气、强大的念头取代那些弱小、无助、畏怯的想法。积极的念头会摧毁消极的念头，就像白天来了黑夜就会消失一样。头脑中不可能有两个念头共存，你存放积极的念头，就不会给消极的念头留下空间。所以，我们要让坚定不移的信念不断重复和巩固，这样心中的渴望和美好的愿景才能内化成自身的一部分。

想改变生存状态，就要顺应发展的规律。无论是在现实的物质世界中，还是在隐秘的精神世界中，因果关系一直贯穿始终。行动是思想之花，而境遇是行动的结果。因此，始终让思想落到实处，才会得到美好的愿景。这就是改变自己的真正意义。

1 所有人从出生到生命消逝，终其一生都在追求健康、财富与爱，这是人类最高能量的表现和一生的使命。同时拥有爱、健康与财富的人，等于注满了自己人生的“幸福之杯”，负面和不美好的东西就没有了进入生命的余地。

2 快乐的基础是健康，假如肉体被痛苦折磨着，又如何能快乐得起来呢?

3 害怕被人说“市侩”，所以很多人不会爽快地承认财富是必需的。但相对富足、奢华、优裕而言，没有人会喜欢贫瘠、拮据和匮乏，这是人的本能。我们承认需要财富，财富是自然对人类的慷慨赠予。想要得到财富，就要学会运用吸引力法则，让你的自身具备能量，如此财富才会与你同频共振，被你吸引。

4 相比财富和健康，爱对于人类更为重要，只有健康和财富而没有爱，生活依然充满缺憾并很难弥补。需要爱就要付出爱，“爱出者爱返”蕴含着因果循环的真理。而给予爱的唯一方式就是你必须具备爱，你要成为爱的磁石。

5 健康、财富和爱全都隐藏在我们的“内在世界”里，如果没有认识到这点而向外寻求，等于南辕北辙、背道而驰。想要寻得这三样事物，离不开一个无限的机制，那就是我们正确的思维方式。

6 精神创造了内心的完美，从而形成了良好的思想，这一点非常重要。如此，现实的境况才能与思想同步，最终实现自我的完美、强大、和谐、幸福，这是符合科学规律的“思想决定状态”。

7 思维是很神奇的东西。正确的思维帮助我们认识到人生的真谛，对关乎人类的生存和发展问题产生思考，对爱、健康与财富有更深的领悟。

8 真理是社会生存和交往的法则，而思维是决定真理的前提。合理的思维像一盏暗夜的灯，引导我们找到通往真理的路。

9 了解真理就是让自己与一种力量和谐相处，这种力量代表“全能”和“无限”。一旦拥有这种力量，就能够消灭嘈杂、混乱、怀疑和谬误，让自己变得强而有力。

10 成功离不开思维与真理同步。如果一个人把希望建立在荒谬的前提上，即使他聪明绝顶、学识渊博，最后的结果也会不尽如人意。反之，哪怕是愚笨的头脑，只要行为是建立在真理之上，也能靠思维带来的直觉，预见行为的结果。

11 真理有着不允撼动的地位，像个独裁者一样，不允许任何人、事、物挑战它的权威。因为任何与真理相抵触的行为最终都会引起冲突和损失。

12 自我与精神是合而为一的，生命中的任何细微之处都与精神真理相联系，这也是我们解决问题的终极秘密。身体里的每一个细胞都会展示精神上所认知的真理。如果你看见疾病，它们就展现疾病；如果你看见喜乐，它们就展现和谐。所以，大胆宣称：我完整、完美、强壮、有力、热爱、和谐且快乐，将给你带来和谐的境遇。当你宣称这些的时候，精神真理就向生命细胞传达出一致的状态，那些不和谐的东西就会消失。

13 不同的人和事之间相互影响、相互渗透，才有了“近朱者赤，近墨者黑”的真理。如果一个人与卓越的理念、伟大的人、辉煌的事业近距离相处，他也会受到潜移默化的影响和鼓舞，思想也会变得不再肤浅。

14 视觉化是你需要依附的机制。视觉化与观看大不一样，观看是物质的，与客观世界相关，即“外部世界”；视觉化是想象的产物，因此也是主观世界，即“内在世界”的产物。

15 视觉化赋予了我们的思想一双慧眼，使我们能够内观自己的精神，许多伟大思想的诞生都归功于此。

16 给你的想象进行一次视觉化的训练。把一粒种子埋在土壤里，给它充足的水分和阳光，在你的照料下让它抽出嫩芽，一个获取生存物质的生命就诞生了。

17 视觉化让我们看到生命细胞在分解，从一个到一百万个，这些充满智慧的细胞知道如何去获取自己所需的物质。根向泥土深扎，芽向天空舒展，绿叶均匀，枝干发达，这一切都在向你展示它的和谐与美好。

18 视觉化能让你看到想看到的事物。只要你的视野是清晰的、明朗的，就能集中注意力进入事物的灵魂深处，就能看到花儿带着芬芳和清香出现在你的眼前。

19 无论你把意念集中在一朵花上，还是集中在财富、健康、商业方案或其他问题上，视觉化都能真实地展现你的精神世界，你唯一要做的是让心神专注。

20 把意念持久地集中在你想实现的目标上，才能获得成功。

21 有一位母亲，靠着惊人的信念，让患了肌肉萎缩、脚部畸形，只能靠手和膝盖爬行的孩子，长成了一个健康、强壮、挺拔的人。在这之前，医生给孩子下了“没有治疗希望”的通知，但这位母亲凭着自己的信念，与病魔展开了一场持久的消耗战，最终使病魔投降了。

22　信念是如此有力，创造了连医生都无力治愈的疾病，让一个身患重疾的孩子创造了生命的奇迹。但信念需要鼓励和支持，不是任何人都能经受住无望的等待和漫长的失望。

23　如果你每天对自己抱持着“我是完美的、强大的、有力量的，并且热爱生活，能够和谐而幸福地生活”的信念，并且从不改变，每天起床后和睡前都重复一遍。最后你就真的能实现完美和强大，有爱有力量，和谐并幸福着。

24　生活是镜子，你哭它哭，你笑它笑。如果你的精神信念是爱与健康，它回报你的就是爱与健康；如果你的精神信念是憎恨、愤怒、嫉妒、恐惧，生活中看到的也一定是丑恶。

25　你想要什么就大声地把它宣布出来，以此来彰显你的坚定信念。信念一出，想要的东西就已经在你手中。所以，一定不要忘记运用宣言，这是一句最完美和充满激励的话。

26　科学研究证明，人的肉体大约一年重塑一次。你有很多次机会让自己变得完美，而不是让缺陷植入身体。如果你不改，就不能总是怨天尤人。

27　环境折射出我们心灵的状态，你是软弱嫉妒还是宽厚同情，是破坏毁灭还是温暖有力，环境都会以相同的状态折射出来。

28　思想是因，外在境遇是果，这既是因果法则也是吸引力法则。要给予精神最大的善意，并且认识到精神的创造力量，以此来改变自己的境遇。

思维练习

本堂课要练习的是用“宣言”来打败头脑中糟糕的念头。我们无法阻止头脑产生坏念头，却可以通过好的想法来替代它。就像光明打败了黑暗，寒冷抵不过温暖，邪恶战胜不了善良一样。如果你发现有些不好的思想要进入你的头脑时，你就大声地说出你的宣言，让它坚定你的信念，把宣言带入你思想的深处，最后变成你的潜意识和习惯。

智慧拾萃

1. 什么能够让人幸福?

善行善念。

2. 善行的前提是什么?

美好的思想带动善行义举。

3. 任何交易或社会关系潜在的必要条件是什么?

了解真理。

4. 认识真理的结果是什么?

如果行为正确，那么结果也不会偏差。

5. 如果行为不正确，会有什么后果?

无法预知后果。

6. 如何给真理定义？

真理是一种事实和总则，并且无所不在。

7. 什么是解决问题的秘诀？

对于精神真理的运用。

8. 精神真理的优势在哪里？

随手可得。

9. 什么人会运用真理？

希望从精神力量中受益的人。

第10课

有因必有果，有果必有因

亚里士多德说："任何一个发生在你生活中的结果，必定有一个或多个促成这个结果发生的原因，你今天的结果就是昨天的原因造成的。"这就是著名的因果定律。

谁的成功都不是轻而易举或唾手可得，背后都付出了辛劳和汗水。如果有人在某些方面获取了成就，你可以学习并效仿他，运用与他相同的规律并采取同样的行动，你也会获得同样的结果，这不是什么奇迹或是幸运，这只能说明你遵循了因果定律而已。

不了解因果关系的人，遇事不会分析原因。就像一盆花摆在他的眼前，只知道欣赏花而不去想花与根茎、土壤的关系，更不会想花的骄艳离不开阳光、水分和充足的养料。这样的人，成功了只会庆幸而不会总结经验，失败了只会怨天尤人而不会从自己身上找原因。总之，他们认为一切结果都是偶然的，会找借口，以消极的方式去躲避，从不会分析和解决问题。

只有深谙"有果必有因"的人，才会找到问题的源头和症结，也才能真正有计划地控制局面，看透每个问题，做到知其然也知其所以然，并能恰当地做好自己该做的事。如此，才能收获属于自己的荣誉和赞许，得到这个世界无私的回馈。

1 大自然为每一个人准备了无比丰裕充足的资源。动物、植物无时无刻不在生长或繁殖，再生与永恒的状态彰显着自然给予人类的慷慨馈赠。

2 很多人并没有找到走进自然的入口，也没有认识到财富普遍存在的真理，更没有意识到自我精神是连通自然的秘密武器。

3 外在的一切代表物质的能量，内在的心理和心灵同样存在无比强大的能量。

4 如果没有生命，物质世界中的无机物就像被封存了一样。物质无法改变，环境无法改造，没有化学和电，没有任何形式的能量，将会完全隔绝于动物和植物的有机世界。

5 地球也是如此。如果地球没有了生命，就会成为一片死寂。万事万物和“生命”连接才会变得有意义。生命不是凭空而来，是由更早的生命相续而来。生命如果没有降临在无机物上，矿物就不会拥有能量，而只能永远停留在无生命的层面。

6 生命需要不断生长并创造和谐。所以，任何有机生命都在努力使自己生存的环境变得更好，以此谋取能够供应自己生长的物质，让自己更加完美。这也是大自然的生长法则。

7 如果没有生命这座桥梁，无机物和有机物之间就无法跨越巨大的鸿沟，更不能交集，不能实现机体的改变，无法开启精神和心灵的能量，也无法使人类进入精神领域，实现巨大进步。

8 自然世界与精神世界的联系，如同生命与非生命之间的联系。植物与矿物的联系，创造了奇妙的生命。精神对于人类而言，也是如此。人类因为有了精神才会产生新奇、美好、探究等奇妙的力量，从而取得前所未有的成绩。

9 思想作为一条纽带，让无限和有限保持联系和沟通，也让人类个体与外在世界保持联系。

10 思想在精神世界里成长，并通过外在境遇的客观形式表现出来。思想的种子一旦与世界万物的财富宝库发生联系，就会生根发芽、茁壮成长。

11 思想的能量可以创造客观世界，你只要坚定信念，就能拥有“想做一件事，就一定会做成”的能量，这正是思想作用于行为的结果。

12 无数个体组成了大千世界，同时诞生了无数个体精神，这些个体化的精神，一起创造着我们的环境。

13 对内在精神力量和心灵力量的认知，产生了创造性的力量，这种力量实现了客观世界的从无到有。

14 精神的强大力量可以帮助我们实现一切。我们并不需要做什么，只需要遵循这个规律。

15 作为一个人类个体，最伟大的使命就是让自己的理想完美无瑕。

16 电给我们带来光明和温暖，使用不当也会带来危险和伤害；精神也是如此，既实用又危险。如果我们能正确驾驭精神，它将带给我们幸福和舒适；反之，如果我们有意违反精神，带来的可能就是毁灭。很多人的苦难正是源于没有正确掌控精神。

17 我们要了解精神世界的法则，否则就无法与之保持和谐一致。

18 想要成功，就要让自己的思想与精神进入步调一致的和谐状态。及时清除阻碍和谐的因素，不要产生内耗，不要让思想掉队。

19 和谐的乐曲悦耳舒畅，不和谐的音乐刺耳难忍。思想也是如此，和谐的思想能让人提高做事效率，破坏性和竞争性的思想会产生内耗。所以，要努力让思想具备建设性，以此创造和谐的状态。

20 内在充满力量，外在就会表现出智慧与勇气；内在缺乏力量，就会表现出软弱、匮乏和种种局限。所以，要像练习其他能力一样锻炼我们内在的力量。

21 天下没有免费的午餐，做什么都需要努力并付诸实践。锻炼精神和意志力也是如此，先确定一个具体的目标，然后通过意志力不断去实践。这样你所寻求和渴望的东西才会主动找上门来。

思维练习

头脑中的想法决定了我们的行为去做些什么，以及我们如何对生活中的情况做出反应，最终形成想要的结果。因此，我们的思维方式，对我们自身的成功和幸福水平产生了巨大影响。想要拥有强大的思维，需要进行不断练习。你可以选择冥想，在头脑里渐渐浮现出一个目标，由模糊到清晰，最终将你想象的事物完全呈现出来。如果你想训练你的大脑产生专注的力量，你需要让你的大脑一次只做一件事。放慢速度并 100% 专注于手头的任务。例如写文章的时候，只专注于写文章，不要一边听歌一边写；冥想的时候，只关注自己的呼吸。

智慧拾萃

1. 什么是财富?

财富是内心力量的产物。

2. 什么是财富的价值?

赋予财富力量，它就会产生价值。

3. 为什么要明白“因果定律”?

它能让人不再怨天尤人。

4. 如何让无机世界有生命的诞生?

介入生命形态。

5. 有限和无限之间靠什么联系?

通过思想。

6. 建立因果关系的基础是什么?

个人和外在世界好比正极和负极的关系，是思想让其闭合并形成回路。

7. 如何保证外在境遇的和谐?

正确运用内在精神法则。

8. 怎样才能和谐?

确定目标，并有意识地实践。

9. 会产生什么样的结果?

思想是精神的产物，可以让目标得以实现。

第11课

规律决定了你和成功的距离

社会和自然界中，所有现象之间都有着普遍又必然的联系。任何一个“果”都有相应的“因”，而原本的“果”又会反过来成了“因”，从而导致其他更多的“果”。“因”与“果”形成的关系链环环相扣，任何一环出现了问题，整个关系链就会断开而无法运行。这就是世间万事万物都遵循的“因果规律”。

遵循这一规律并正确利用它，将会使人受益；如果违反这一规律就会受到不利的影响。那些在因与果的链条上脱节的人，常会抱怨“活得真是太惨了，这并不是我想要的，我不想看到这样的结果。”事实上，是他们没有认识到，自己心中的想法带来了事情的结果，这种结果又反过来成为他们对现状产生抱怨的理由。无论做什么事都是如此，必须看到因与果的联系，找到事物之间的规律，进行归纳、总结，最后得出一个可以形成经验的结论。

1　从许多个别的事物中概括和推理得出结论，并对独立的例证进行相互比较，最后找出一个引发结论的相同原因，这就是用归纳法寻找规律的伟大之处。正是有了这样的发现，才有了人类的进步。而归纳和推理的过程就是大脑进行思维的过程。

2　掌握了“相互比较”和“寻找共同点”，也就学会运用归纳推理的方法了。

3　归纳是一种智慧，以理性、确定性和规律来使我们躲开迷信、愚昧和生活中变幻莫测的圈套。

4 有了归纳法这个尽职的守门人，虚假、混乱的信息才不会进入大脑，扰乱我们的思想。

5 归纳和推理有助于我们增强个人能力，运用纯粹的精神来解决问题，并获得一定的成果，使人类得到进步。

6 找到事物的规律，目的是让我们探求事实，发现造成结果的原因，知其然也知其所以然，不至于给某个结果添加神话色彩。

7 掌握了归纳推理精髓的人，如同拥有了无限好运气。他们毫不费力就能达成自己的目标；他们的举止得体恰当，学什么都轻而易举；无论做什么都能轻松完成；他们不用经受苦难的考验，就能让生活充满和谐。这正是掌握规律带给他们的好运气。

8 归纳和推理是一种非常强大的力量，但不是所有的人都能轻易获得。人的心智只有认识和重视这样的事实，才会在合适的条件下拥有这种力量。

9 大自然按照规律有条不紊地运行：太阳东升西落；地球绕着太阳转；春天百花盛开，夏天瓜果飘香，秋天黄叶飘落，冬天雪花纷飞；水根据温度不同而进行着液态、固态、气态的不同变化……所以，宇宙的每一个角落，都有着生生不息、井然有序、充满力量、不断运动的生命。

10 大自然法则中，供需互补，酸碱中和，异性相吸、同性相斥。人类可以向自然学习。人与人之间总是互补的，力量与力量之间总是均衡的，才能相同的人之间要保持距离，拥有不同才能的人之间要相互吸引、相互配合。

11　人的眼睛搜寻和接收着自己需求和渴望得到的东西。这样人们才能在大海中找到珍珠，在矿石中发现黄金，因为这是他们需求和渴望得到的。

12　事物之间有关联和统一性，整体属性会在部分中得到体现，就像考古学家通过一块碎陶片能够还原容器的原貌一样。这个认识对我们的帮助很大。世界是个整体，个体的视野有限，我们可以通过个体来了解整个世界。

13　任何事物都按照规律来运行。如果太阳系因天王星偏离了轨道出现秩序打乱，那海王星就会出现在预定的地点让秩序变得顺畅。这就是像“神”一样的规律在起作用。

14　动物的本能需求和人类的理性需求是相符的。所以，想法在哪里，最后的结果就在哪里。

15　随着科技发展，我们认知的范围扩展到了整个自然界。我们与外在世界有着更加紧密、多变、深层的联系。我们的愿望、目的也和整个宏大的外在世界相吻合。宇宙是一个宏大的整体，人类是宇宙中一个微小的个体，彼此之间相互统一、相互影响。

16　作为公民，个人利益的总和就是国家的整体利益，所以个人利益受国家武器的保护。若是个人需求与自然和谐统一，大自然就会将人与外部世界相互作用所需的劳动力进行合理分配，最后达到创造者想实现的意图。

17 如果柏拉图能够想象出一百幅美丽绝伦的画卷，那么他的脑海中就会出现一片乐土：那些人工、机械和重复性的劳动，都可以靠大自然的力量来完成。人的愿望通过意念灵动和精神运作就可以完成所需求的结果。你越渴望得到什么，实现得就越快。

18 不管这个理想是否遥远，这是一种态度和决心。当你内心产生某个理想的时候，同时产生的也是对这个理想的实现将要付出的努力、决心和态度，以及对未来勤恳耕耘的激励。

19 人像鸟一样在天上飞翔，如果放在古代这无疑是痴人说梦，但今天这一理想已经成为现实。所以，永远不要轻言自己的理想是异想天开。理想来自信念，相信渴求的东西已经实现，就一定能够实现。

20 理想是一个实际存在并可以通过努力实现的事实，不是水中月、镜中花。就像土壤中的种子，只要不受打扰就会发芽、开花、结果。不但要相信理想可以实现，而且一定要让它实现。要在主观精神上留下印记，思维的层面才能排除干扰和局限，积极地实现它。

21 真理不受地域的限制，也不受阐述方法的限制，本质都是相同的。任何事物包含的真理只要进行论述和加以分析，就会得出结论，唯一不同之处是表达方式的差异。

22 不断变化、不同的重点、新的语言和别样的阐述……这一切都不是对真理的背离，而是真理与人类的需求之间正在建立新的关系，这种关系正在获得普遍认知并被理解和接受。

23　我们正处在一个新旧交替的快节奏社会，新社会、新秩序让人的梦想变得更加神奇。新社会的运动能量必将摧毁陈旧传统的东西，并将精华保留下来。我们需要新的表达形式，把对能量的深层领会，通过精神活动体现出来。

24　休眠于矿物中、吐纳于植物中、运动于动物体内，在人类心灵中达到巅峰的精神，就是宇宙精神。它使我们能够跨越行动与目标的鸿沟，飞渡理论和实践的天堑，让我们拥有统治能力并主宰自己。

25　思想的力量非常巨大，它的重要性已经突显在各种领域，无疑它是我们生命中的主角。

26　思想的创造力是由创造性的理念构成的，反过来这些理念通过发现、发明、观察、分析、控制、应用、管理等手段，运用物质和力量使自身客观化。之所以它能做到这些，因为它是富有智慧的创造力。

27　当我们潜入思想的深处，思想最高级的活力就会迸发；当思想突破自我的藩篱，通过一个又一个真理的检验，就进入了永恒之光。一切曾经的、现有的、将至的，都将融为庄严、和谐的整体。这个过程，就是智慧创造性的启示。

28　智慧诞生于理性并引导人们变得谦卑。智慧天生具备领导才能，可以通过领悟、改造、治理，达到自己的终极目标并主宰一切。

29　有人实现了自己一生渴求的梦想，有人改变自身的同时也改变了一切。我们会为他人拥有这种力量而惊叹。其实这一切并不神奇，他们只是运用了自然法则而已。如果你也如此，也会成为令别人惊叹的人。

思维练习

这堂课要练习的是你在意识和行为方面要形成的规律。先让意识形成一种习惯，体现在行为上就成了规律。生活中如何才能做到对“规律”的掌握呢？其实就是培养一种习惯。比如，你想养成跑步的习惯，就要给自己定好计划，并且风雨无阻地坚持；你想养成写作的习惯，就要每天坚持写一句话。习惯一旦养成，并以它为核心向其他方面延展，久而久之，就会形成你独特的规律，最终你将凭着这样的规律走向成功。

智慧拾萃

1. 什么是归纳推理？

客观思维的过程，通过这个过程将单独实例进行比较，找出它们共同的因素。

2. 这种方法形成了什么？

发现了统治法则，标志着人类的进步。

3. 引导和决定行动的是什么？

是需要、愿望和渴求，人有渴念才会有行动。

4. 什么是解决问题的公式呢?

相信渴求的东西已实现，它就真的能实现。

5. 哪些伟大的思想家在提倡它?

柏拉图、伊曼纽·斯威登堡、耶稣。

6. 信念能够带来什么结果?

思想是一粒种子，播种就能生根、发芽、开花和结果。

7. 为什么它符合科学?

因为这是自然法则。

8. 什么是信念?

所希望之事能成功的决心。

9. 什么是吸引力法则?

让信心产生结果的法则。

10. 这条法则有什么重要性?

以规律、理性和确定性代替生命中那些反复无常的不确定性。

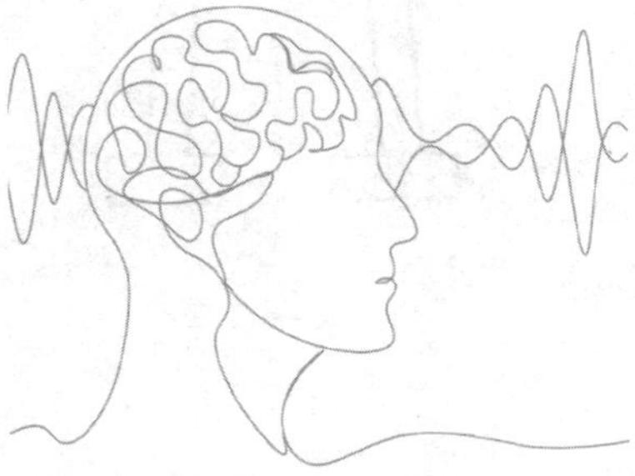

第12课

聚集你的能量，聚焦你的思考

思想对于人这个主体而言，只是被使用的工具。没有人参与应用的知识如同荒废的土地，既无用又无价值。人用充满生机的目标去浇灌思想，才能让它变得丰饶而焕发青春力量。

有的人花费了大量的精力、时间和想法却一事无成，因为他们做的都是没有目标的无用功。如果朝着一个渴望的特定的目标努力的话，就会创造奇迹。这就是专注的力量。

专注是一个至高无上的精神能量，能够让人心无杂念地做一件事情，而要想做到专注就必须排除杂念的干扰。就像摄像机的反光镜，只有调整好焦距，才能对准镜头，让影像变得清晰。如果不能集中精神力量并专注于目标，就会像没有调好焦距的反光镜，得到的也是和你的精神图景不一致的结果。

专注能让注意力全都集中在思想上，然后引发一些与之和谐的想法，如此你将领悟到专注这种思想的深刻内涵。专注不但能提高做事效率，还能让目标更明确，最后拥有不凡的成就。

1　人的思考力和宇宙一样无限，创造力也是如此。对思想的创造力量进行科学运用，生活中的一切目标都可以完美实现。

2　有一种负面的思想能量常常干扰我们，比如气馁、恐惧、焦虑、优柔寡断等，它让我们与渴望的东西越来越远，并且还会造成物质财富的损失。我们必须不断前进，才能避免消极思想带来的退步。

3 思考力是我们头脑的本能，人人都具备。思想作用于客体，并拉近客体与我们的距离。

4 理想不是衣服，不需要每天更换。理想具有确定性和稳定性，必须专注而不能频繁更换，否则会让一切变得混乱无序，没有价值，最后导致一无所成。

5 一无所成的人如同一个没有明确目标的雕刻家，即便拥有上好的材料也会因为不知道雕什么而错失一切。比如想要雕美女，结果改成雕神像，刚下石凿子，又想雕花草树木。这样无休止地更改，结果什么也没雕成，还浪费了好材料。

6 世界上最牢靠的东西不是金钱和财产，因为金山会崩塌，钱财也会顷刻间消失得无影无踪。对思想创造力的运用才是世上最可靠的。思想摸不到看不着，但值得依靠。

7 自然法则是永恒存在的“无限”状态，我们无法改变只能适应。每个人拥有的真实力量就是调整自己，让自己与自然法则相协调。你与无限力量协调的能力，意味着你将取得的成就的大小。

8 搞明白了这一点，你才能真正掌握思想的运用方法，而现实也会给予你同样的回报，让你拥有这样的思想能力。

9 思想也会产生假象，有人会错把固执、鲁莽和冲动认为是思想的力量，甚至有人还会沉醉于这种所谓的成功状态。事实上，这种假象不但无益反而有害，最后让人失去成功的目标。

10 思想与产生的后果相一致，要用积极的信念取代恐惧和焦虑；悲观消极的思想产生负面结果，乐观自信的思想却能收获成功的果实。

11 有人信仰鬼神，这实际是一种迷信，会让人的精神世界出现消极和被动的想法。这种错误的精神信仰有驯服精神的力量，让人精神涣散，元气大伤。所以，要杜绝错误的迷信，以免消耗自己的生命。

12 还有不少人，他们虽然明白思想是力量之源，同时也在努力进取，但最终却没有得到想要的结果。原因是没有坚持，能量需要持之以恒，不然很容易随着意念的消失而凋零。

13 意念具备超强的感染效应，明确的意图会感召和影响身边的人，如此在奔向目标的路上就会变成团体作战，而不再会一个人孤立无援了。

14 不要试图控制别人的意志，就像催眠术既作用于受催眠者又影响施术者。如果你向别人传递错误的思想，自己的意志同样会受错误思想的影响，久而久之，就像是掉进了自己挖的陷阱里，失去了自己的力量。

15 精神力量具有强大的魅力，不但能够创造新的环境和际遇，还有补救和保护的功效。保护自己不受错误思想的影响和侵害，纠正被错误影响的结果。真正掌握精神力量，并让精神力量不断增长，它所表现出来的强大一定会让你刮目相看。

16 精神和思想都会在现实中找到一一对应的状态。思想本来具有“真实”的一面，所以在物质中对应的状态也不会有假。

17 爱是赋予思想以活力的一种情感，万事万物离不开爱的法则。思想在爱中孕育和生长，就会表现出“善”的一面。善是一种永恒的力量，善能战胜一切。因为有了爱的法则，才有了哲学、科学，以至整个世界。同时，爱的法则具有强大的吸引力，能够吸引宇宙中的一切事物。

18 精神和思想不单单是智慧，更是一种能够产生吸引力的物质。这种物质让思想与客体相连从而产生动态力量。如此，人们才相信，冥冥之中有一种人格化的存在操控着各类事件，并对人们的需求和祈愿做出回应。

19 思想源于爱，又对爱的法则产生强化，爱与思想联手就会形成不可抗拒的吸引力。当然，我们还没有完全了解这股力量，就像做一道数学题无法立刻给出准确答案一样，只要不放弃，最终一定会得到答案。

20 世界上所有事物，都是在精神和心灵的创造下产生的。所以，任何事物都是先有“精神思想”再有“客观物质”。因此，衡量一个事物的完整性离不开神形兼备。

21 我们抵触和怀疑一种新的理念，是因为我们的大脑中没有接收这种信号的细胞。只有大脑中的细胞和新的理念发生同频共振才能认可和接受这一新的理念。虽然，我们不一定了解引力法则的全能力量，但要开始集中意念，不断练习让自己的头脑生出这样的细胞，学会体会精神的力量。

22　注意力受意念的控制。如果能够集中意念，让自己的思想专注于某件事，思想就会变得深刻，谈吐就会变得充满智慧，潜藏于内在的力量就能发挥出来。

23　如果你和潜意识建立起密切的联系，那么你就会发展出巨大的力量，也会带给自己源源不断的动力。

24　人们在追求一种“寂静”的状态时，总以为很容易获得，事实不然。寂静是人内心世界的安定与平和。一个人的内心越寂静，越会带来智慧和力量。只有在绝对寂静的状态下，才能触摸到精神的力量，真正明白什么是永恒的法则。

思维练习

请你走进之前练习的房间，保持一个安静放松的坐姿。让你的身心保持自然的状态，不要有任何压力和思虑，让自己感到放松、舒适。接着，你要想象一下，自己是充满力量的，外在世界的能量将满足你的所有要求；认识到自己是宇宙整体中的一部分，你表现出来的任何精神与力量都是整个全能宇宙力量的一部分，并且没有任何差异，只是程度不同而已。经过这段时间持续不断地练习和坚持，相信自己已经打开了通往完美的大门。

智慧拾萃

1. 目标如何才能完美实现?

理解精神内涵并运用。

2. 运用精神的步骤是什么?

了解精神力量，然后拥有挑战的勇气和坚持去做的信念。

3. 什么是有效又实际的知识?

对自然法则的理解。

4. 理解这些法则能有什么好处?

能意识到自身具备的能力，然后调整身心，使之变得更和谐。

5. 如何评价这种收获?

会正确认识无限，虽然无法改变无限却可以与之合作。

6. 什么能给思想以动态力量?

思想在爱中孕育并形成吸引力法则。

7. 吸引力法则的强大之处是什么?

它是颠扑不破的自然法则。

8. 为什么我们会遇到不好解决的问题?

因为缺乏经验或没有掌握解决问题的知识。

9. 为何我们会拒绝接受新的观点?

因为大脑中缺乏与新的观点共振的脑细胞。

10. 怎样才能获得智慧?

让心进入“寂静”状态，精神集中才能让智慧由内而生。

第13课

科学地归纳，智慧地接纳

梦想藏在人的头脑中，扮演着建筑师的角色。就像美丽的悉尼歌剧院和神奇的巴黎圣母院都是由伟大的建筑设计师建造的一样，梦想在创造这个世界的过程中发挥着独有的力量。

梦想是一种精神作用，总是出现在行动和事件之前。即使美丽的宫殿会倒塌，大海会潮涨潮落，时光会让外在的一切发生改变，但梦想家创造的东西会存留下来，亘古不变。

物理科学带给我们发明创造，精神科学进行得如火如荼，梦想的神奇也是时候显身手了。让梦想发挥聪明才智，让外在世界变得更加完美，让精神中形成的图景变成现实，最终精神创造的美好现实将成为我们生活的真实状态。

梦想并不是凭空实现的，是先在头脑中勾画出一幅美好的蓝图，然后不断地进行归纳、推理、总结，最终让蓝图变成现实。这种头脑决定外在事物的结果既有科学依据，也符合吸引力法则。本节课将告诉我们一切梦想家、发明家、作家、金融家藉以梦想成真的因果关系法则。阐述了这一法则终将使我们精神中形成的图景成为我们所能拥有的现实。

1 科学发展的趋势是通过对日常事件进行说明，对特殊和罕见事件进行分析和概括，这也是社会发展和进步的需求。这个需求就像具有磁性的指南针一样，可以指引科学不断地开创更多的发现。而所有的发现都离不开思想和头脑的参与，思维对任何外在事物的推理和验证都是一种超越。

2 同样的道理，科学家发现火山爆发源于地球内部的热能运动，闪电为人们揭示了一种自然界的微妙能量。根据对这些罕见现象的分析和概括，他们得出一个结论：地球现在形成的样子源于其内部的热能运动，我们生活中的电起源于闪电。

3 从一颗记录着岁月变迁的巨型牙齿中，考古学家能发现它属于哪种动物；从地球深处的一块化石中，地质学家能够追溯出它属于某个地方的起源。

4 无论是科学家、考古学家还是地质学家，他们通过头脑思维得出的结论，都是建立在推理和经验上的科学归纳，它不是迷信。这种科学的归纳法能够驱除人们头脑中的偏见和固执，像手术刀一样既锋利又能立见效果。梦想的实现也是依赖这种科学，而不是凭空想象。

5 归纳法通过真实的实验，而不是批驳人们头脑中的无知，使人们的生活水平得到提高，科技更加进步，并把人们的观念从胡思乱想的状态带到当下的现实世界。将有用的科学发现告诉大众，以此来消除人们头脑中的固执和偏见。

6 归纳法的本质和范围在各个领域都有涉足。不论是令人无限遐想的文学空间，还是严肃谨慎的数学国度；不论是内涵广阔的社会学，还是细致入微的细胞学。即使时代不断发展，这些归纳的手段和方法也照样行之有效而不会过时。

7 经过科学的归纳和推理得出的规律，使整个社会有了进步和发展。疾病被攻克以后，人的寿命变长了；弄清了植物的生长规律，庄稼增产了；交通工具先进了，旅行变得便捷了；

无法逾越的江河之间，也畅通无阻了；光明多了，黑暗少了；人类的视野宽了，胆子也大了，既可以入得深海穴洞，也可以自由地在高空翱翔，没有什么能难倒我们。

8 归纳法的前提是需要利用所有的资源和手段，在观察个体事例的时候要细致和耐心。对卓越科学的例证和教导要心领神会，如此才能得出普遍规律的结论。

9 在进行科学推理和实验方面，有很多值得我们学习的榜样。比如富兰克林勇敢地在大雨中放风筝，只为探知闪电和电动机上出现火花的原理；牛顿为了搞明白苹果为何落地，反复思索和研究地心引力。

10 科学和真理不允许带有偏见，不能只看我们愿意看到的，而忽视我们不希望看到的东西。科学这个雄伟的上层建筑需要扎根在稳固的基础上。我们日常不易察觉的现象或不受欢迎的事实，往往对认定科学真理具有一定的价值。

11 我们不要对充斥身边的繁杂信息产生厌烦和迷惑。这些多元化和大量不同的事实在解释科学和自然规律方面有着更多不同的意义。资料收集得越多，越能对事实进行筛选和过滤。

12 我们生活在一个广阔的星球，一定会有难以理解和奇怪的现象发生。如果用思想的创造力去探究，任何不寻常的现象都可以用科学加以解释。科学让我们明白，没有任何事是超自然的，这样我们就不会把异常现象当成难解的谜，更不会被它吓得退缩。

13 一切现象的发生都有迹可循，也都符合因果原理。不管我们是否承认，这些现象发生的原因都会按照某个法则运行或遵循某个科学的原理。

14 当我们用心去思考引起我们注意的事实，就会发现事物运行的基本规律。思考的创造力能够解释一切际遇，不管是物质的、精神的还是心灵的。

15 广阔的科学领域是不会设置“禁地”的，也没有什么不允许大家知道的东西，每个人都可以自由自在地探险。虽然提出新的理念会遭到反对，但经过时间的检验，最终也会获得人们的认可。就像哥伦布、伽利略、达尔文这些科学家，在他们的新观点被接受之前，都曾经历过冷嘲热讽。

16 精神受思想的支配和领导，思想是什么样，产生的精神状态也是什么样。比如心里恐惧疾病，结果就会生病。这种负面的思想很危险，会损害我们原本的健康。

17 外在的一切境遇都是由我们内在力量推动的，如果我们能够集中意念并努力践行，就很容易让希望的境遇变成现实。假如你梦想成为一个富翁，意念中也以此为目标去行动，那么最终你就会成为一个富翁。

18 全世界每个人都渴望着拥有和谐与幸福。这个共同的梦想联结着每个人，如果我们想收获幸福，就要使其他人感到快乐和幸福。

19 当我们真正能够把握世界给予我们的健康、力量、三五知己和快乐的际遇时，我们也就找到了获取幸福的途径。

20 宇宙作为物质起源和最厉害的创造者，把天地间最好的一切赋予了我们，只要我们的意念中有渴求，就会让渴求变成现实。

21 实践才能出真知。如果让孩子只看书上的狮子而没有见过真正的狮子，即使有一天遇到了真狮子，孩子也会以为狮子是书本上说的不会吃人的野兽，而不会躲避。

22 自然法则很公正，付出多少“因”，就能收获多少“果”。所以，我们只有付出诸如勇气、激情、健康等有益的思想，最后才能收获实实在在有益的结果。

23 思想具有创造力，但前提是，需要建设性和系统化的意识对其进行引导，这样思想才能创造出结果。反之，如果仅仅是空想，就会浪费时间，没有任何作为。

24 吸引力法则决定我们的境遇。如果你的意识持续关注生活中快乐的事物，你就会变得更快乐，并排挤掉不快乐的念头。所以，意识必须逐步去改变，变不好为好，时间久了，外在情景也会跟着意识发生改变。

25 宇宙精神拥有无限智慧和能量，并维护我们的利益。我们要认知这种精神，以此来创造和实现我们的愿望和梦想。

思维练习

今天的练习是让我们明白，想实现任何梦想，就要敢于首先在头脑中“想象”一个已经实现的场景。梦想是头脑拥有的画面特征，如果你要改变某个状态或想做出某个成绩，你就要了解你的梦想，明确它是否符合社会发展的客观现实。通过对现实的观察、推理和归纳，让头脑指引行动，最终把梦想的蓝图变成结果。

智慧拾萃

1. 哲学家如何获取和应用知识?

认真观察事物，利用手段和资源在这些事物的基础上推导出科学理论。

2. 如何接受这些方法呢?

我们要不带偏见地去接受那些不太喜欢的事。

3. 需要重视哪一类事实?

从普通事物中观察得出合理解释的事实。

4. 这个理论的依据是什么?

推理和经验。

5. 这种方法能破除什么?

破除迷信、传统和先例。

6. 如何发现这些科学法则?

对超常和少见的事实进行概括总结。

7. 如何解释不寻常现象?

通过我们思想的创造力。

8. 这样做的意义是什么?

让我们能够了解事实的结果一定有其特定的原因。

9. 这样的认知带来什么结果?

可以解释一切现象的原因和由来。

10. 如何获得最大利益?

将我们精神的创造性与“无限”力量联系起来。

第14课

赶走负能量，唤醒正能量

通过前面课程的学习，我们了解到思想是一种高级的精神活动，给人类带来了神奇的创造能力。思想是正面的，就会带来积极的结果；思想是消极和负面的，结果也会不如人意。

显意识和潜意识联结着人的行为与精神。潜意识与显意识的关系就像风向标与天气的关系一样。天气靠风向标来测出细微变化，显意识与潜意识的关系也是如此。潜意识会随着显意识的变化而变化，它们带给人心理上强烈而深刻的感受也是如此。

因此，当我们产生失望、沮丧和愤恨等负面情绪时，我们思想中的创造力就会不自觉地进行抗拒和抽离，短期内很难被激活，甚至可能消失得无影无踪。

人的任何行为都受自身思维的控制。如果我们总是陷入悲观、失望的负面情绪之中，对任何事物都起不到作用。用一个简单的例子来说，一棵被连根拔起的大树，短期内会保持树叶葱绿，但慢慢也会枯死。思想也是如此，如果我们不能摆脱负面情绪，那么，我们慢慢就会失去积极的创造力。

会处理情绪的人，往往能将注意力投入到积极、乐观的地方，自然也会赢得更好的结果。反之，如果任由消极情绪在思想中蔓延，便会促使自身能量和活力逐渐消亡。

1 宇宙能量是无限的，光、热、色彩和一切运动皆来源于它。宇宙能量是一切智慧和力量的发源地。我们从自然能量中汲取光明、温暖与力量，促使自己不断成长。

2 当我们认识了这种智慧，就明白了宇宙和人类精神是一致的，我们要让自己与这种规律达成和谐并趋于一致，保持热情、积极的能量和信心，减少负面思想的入侵。

3 人类的智慧无处不在，它就像宇宙的能量和物质一样，不但在人的大脑中，还在人的行为中。思维积极，主导的行为也会积极；反之，思想消极，主导的行为也将是消极的，这是一个不变的法则。

4 有人可能会问，如何才能证实这个原则是正确的呢？我们如何才能获得想要的结果呢？道理很简单，我们想要得到的结果与我们的观念息息相关。我们的思维对这个规律掌握得越全面，得到的结果就越全面。

5 这个规则让我们的心灵与外界建立关系，并为我们开辟了一条崭新的通道，协助我们的心灵与外界互相呼应。

6 我们的精神具有能动性，神奇的创造力就蕴含在万物本质中。人类作为众多个体中的一员，是宇宙能量中的一条支流。宇宙创造不同的组织，因此有了不同现象的产生，这些都是通过不同的个体来实现的。

7 科学研究发现，分子分裂成原子，原子分裂成电子，在真空玻璃下观察，电子充满了我们生存的空间。万物之中皆有电子，所以电子可以说是万物之源。

8 电子是接受宇宙精神的“指令”进行工作的。电子围绕着能量旋转就成了原子；原子再按一定的比例变成分子，这些分子的再结合会形成多种化合物，这些化合物就组成了宇宙这个整体。

9 最小的氢原子是电子重量的1700倍，水银原子是电子重量的30倍。电子与光、热、电能和思想具有相同的速度，所以作为纯粹的负电荷，可以在一切时空中穿梭和运行。

10 电子像人体细胞一样，拥有无穷的功效，并且能智能地进行工作，使细胞有时集结有时分工，完美又自由地进行工作。细胞们有的负责传递物质，有的负责修复创伤，有的负责运送垃圾，有的负责阻挡病毒入侵，有的负责建立人体组织，有的负责构造人体所需的分泌物。

11 每个细胞的智慧和能力不仅是协同工作、目标一致，还能保质保量完成使命和保存能量延续生命。这些智慧都是细胞获得养分的结果。细胞进行自我调节和吸收能量并对养分进行严格筛选，以备后续自己所需。给予细胞正面、积极的能量才是它们真正需要的养分。

12 细胞通过新陈代谢来维持生物的生命和健康。所以，任何生物的细胞都会经历产生、繁殖、死亡、被分解这几个必然的阶段。

13 人体由于内在精神的自我转化和自我调节，才实现了超验疗法。因为人自身存在的每一个原子都蕴含着精神，通过思考的能量可以改变负极精神为正极精神，最终产生积极美好的结果。

14 负极精神也被称为潜意识精神，并且隐藏在身体的每一个细胞之内，一般不被显意识所显现，却能对显意识做出回馈和反应。

15 人一生的写照就是他的思想在生命中的映射。人在精神领域的实验会让生命质量不断得到提升。人的思想会在无形之中塑造他的外形、性格以及外在的境况和机缘。精神领域是好的，外在就是好的，反之亦然。

16 创造原理决定了因果关系。什么样的“果”一定有与之相对应的“因”，这样的结论已经被大多数人相信和接受。

17 客观世界似乎有一种神秘的能量在掌控。人们由于认知有限，往往把这种能量归结为神的意识。事实上，当我们认识了精神本质和原理，就可以简单地把这种神秘能量理解为宇宙精神。

18 宇宙精神无所不能，无处不在。如果你要问：我们自身是否就是这种精神的彰显和表达呢？答案是肯定的。

19 潜意识作用的精神和宇宙无限精神是近似的，就像一滴水之于海洋一样。它们之间唯一的差别只是程度不同而已。

20 潜意识与宇宙力量的结合可以创造无限的活动能力。对这个智慧的领悟和运用可以让我们犹如神助一般散发出光芒。宇宙精神通过潜意识与显意识进行联络和沟通，让潜意识和显意识引领和影响我们的思想。

21 当我们理解了这个原理，就能明白祈祷是怎么回事。祈祷是我们的内心向神发出渴求，希望神以超自然的能力帮助我们。然而，对我们真正施以恩惠的却是自然法则本身，而不是神秘而未知的事物。自然法则是通过对我们精神的运行，使我们得到上天的眷顾。

22 虽然大多数人明白错误的思维会带来失败或负面的结果，但依然不去尝试用正确的方式武装自己的思维，并对思维进行持续、合理的训练。

23 任何思想一旦形成，短时间内很难清除，尤其是负面情绪会对我们的一生产生不良影响。因此，我们必须让思想保持清晰、坚定、踏实的状态。

24 思维对我们的人生有着巨大的作用。所以我们要排除杂念和不良干扰，目标专一，反复认真地思考，有效地进行思维训练。

思维练习

今天，我们主要练习让思想进行更新和转变，思想变了，心态就会改变，然后整个生活也会全面更新。这样不但能获得物质财富，对整个身心健康也能起到积极的作用。一旦心态平和，没有负面情绪，工作也会更加顺利。就像有句话说的："内心的平静与和谐会使人生境遇变得更加顺达。"

当我们一念追求"和谐"的时候，就会真正心无杂念，变得非常专注。为此我们要学会以诚挚、信服的心态去领悟和运用"和谐"。当然，想要让人生真正发生质的变化，仅仅通过阅读和理论而不去实践和行动，是无法实现的。因此，要想改变人生，就得进行必要的练习。

智慧拾萃

1. 人的智慧与力量从何而来?

来自宇宙精神。

2. 光、热、色彩来自哪里?

体现在精神的能量中。

3. 思想的最高统帅是谁?

宇宙精神。

4. 宇宙如何形成不同的形式?

通过个体的不同组合又转化成各种现象。

5. 这种组织的结果如何实现?

自身通过思考把宇宙精神彰显出来。

6. 宇宙的最初形态是什么?

存在于宇宙中的每一粒原子。

7. 改变思维有什么结果?

等于改变人生际遇。

8. 为什么要拥有和谐心态?

为了让生活更加完美。

第15课

让你的智慧不断升级

自然法则主宰一切生命，顺应法则就能实现生命的发展和进化；违背法则必然会受到惩罚，不但活不好，还有可能走向灭亡。

任何生物都有趋利避害的本能，都知道运用自然法则。比如，一盆生长茂盛的绿植上寄生了许多没有翅膀的蚜虫。后来，一旦这些蚜虫发现绿植由于不通风变得渐渐枯萎，并且无法给它们提供所需的养料时，蚜虫就会变成有翅的小昆虫，逃离已经没有生机的绿植，从而拯救自己。

这么小的生命都知道紧急关头利用这种力量，我们人类更该如此，我们付出努力得到力量，发生的任何境况都是为了造就我们自己。自然法则拥有非常强大的能量，我们必须与之合作，这样才会获得快乐和幸福。

1 任何人都无法逃脱法则的作用，这些法则无处不在，都是为了我们的利益而存在的。

2 这些法则在寂静中对每个人发挥着无比强大的作用。我们要做的就是与它们保持和谐一致，这样才能享受到自然法则给我们的馈赠。

3 拥有完美思想的前提是要先给予后索取。否则，要么我们不愿将自己有的施与他人，要么拒绝承认内心需要什么，所以才会出现困难、混乱和障碍。

4 生长过程就是分化的过程，通过根须吸收更多的养料，让生命变得更加和谐幸福。

5　我们要把目光放开，不但要关注已经拥有的，还要看到缺失的。只有把目标和渴望关注在缺失的方面，才能有意识地去控制外部环境，从经历中进一步吸取生长的养分，这样的能力决定着我们和谐幸福的程度。

6　我们的境界和视野越开阔，越需要汲取生长的养分。随着这种能力的提升，我们吸收养分和助力生长的能力也就越强。

7　我们的经历和境遇都是对自己有利的，无论是困难和障碍，还是优势和运气，我们都可以从中受益。

8　世上没有不劳而获的事情，付出与得到成正比，我们在战胜困难中付出多少努力，就能得到多少力量。

9　我们要尽最大的努力和吸引力法则保持一致，从而达到我们对完美的需求。想要获取最大程度的幸福，就要学会理解并与自然法则有意识地进行合作。

10　爱在情感中诞生，这样会让生命充满活力。爱为思想赋能，为思想的发芽、成熟、结果提供更多养料。

11　言为心声，我们的心灵就像一部相机，而语言就是按动快门。思想通过语言向外传达出来。如果思想是船，语言就是水。我们说话时一定要谨慎，因为水能载舟也能覆舟。如果出言不慎，如同不加考虑就按动相机的快门，那种错误的影像就会被记录在心灵的底片上，再也去不掉。

12　语言是充满活力的信使，既包罗一切知识又能悦人耳目。从记录语言的文字中，我们可以看到宇宙思想成形于人类心灵之中，并且对人类心灵的表达作出综合的记录；可以找寻到过往的历史，看到未来的希望。通过语言文字，我们可以回首若干世纪以前，并与历代伟大的思想家和作家交谈。

13 语言用来表达无形的思想。想要获得更高层面的真理，说话也一定要审慎、智慧，并且要得体。思想越清晰，语言图像越明确，那些错误的东西就被慢慢摒弃，生命彰显出来的和谐就会越来越多。语言的使用，也是区分人与动物的根本标志。

14 思想引导行为。想得到什么样的境遇，先要怀有什么样的思想。如果我们希望生活富足，先要让思想变得富足。

15 通过语言来打造思想形式，一句话就是一个思想的综合体。所以，要想语言美好，出言一定要谨慎，因为理想的宫殿是由语言打造的，要让宫殿华美而不是陋室，必须用语言打好地基。

16 思想美丽，语言才动听。语言代表着思想，因此具有神奇的力量。赋予语言什么样的力量，在客观存在中就以什么样的状态出现。如果想让思想变得强大，必须净化我们的语言，说话要三思。

17 真理有标准，错误却没有；真话讲原则，谎言就没准儿了；光线会走直线，黑暗却不讲规律；什么样的思想才是与众不同、有生命力的呢？一定有迹可循。

18 我们正确运用真理，就会得到好的结果。疾病不会在健康的地方存在；我们知道什么是真理，就不会被谬误蒙骗，就像有光的地方不会有黑暗一样，真理存在的地方就不会给谬误存在的机会。

19 具有生命力的真理一定会挤掉那些负面的想法，因为它能够扎根、生长；而谬误的思想就像无根之草，无法扎根更无法生长。知道了这个事实，我们可以消除一切局限、匮乏和混乱。

20 所以，拥有智慧和领悟力的人会把思想的创造力当成所向无敌的武器，手里有了这样的武器，才能成为主宰命运的人。

21 能量守恒定律决定着自然界的平衡。哪里出现多少能量，一定会在某个地方消失了多少能量。这让我们明白，有舍才有得，一味索取而拒绝付出，就会打乱平衡。

22 我们决定做什么事，就要做好为此事负责的准备，因为潜意识不会推理，只是按照吩咐去执行。所以，我们构想的蓝图，潜意识会帮我们去实现。你要什么，就会实现什么。

23 洞察力像个望远镜，借助它人们能更加长远地看问题。从事情中认识困难、把握机遇，离不开这种洞察的能力。

24 洞察力使我们学会未雨绸缪，能够提前妥善规划和权衡利弊，对那些阻挡我们的障碍提前做好预判，并做好跨越障碍的准备。

25 我们要有意识地进行洞察力的锻炼，因为它能把我们的思想引向正确的地方，这样我们才不会步入没有回报的错误路径上。

思维练习

今天我们主要练习自己的“洞察力”，坐在原来的位置上，让意念回归到“寂静”的状态，然后开始思考：

1. 认识了思想具有创造力不等于会自如地运用思维；

2. 知识本身也不会运用自己。

我们表现在外的行为和行动，不是来自知识，而是来自之前的旧习、流俗和先例。想要真正运用知识，离不开有意识地努力。

继续回想：

如果不对知识进行利用，它们就会从你的头脑中消失。对原理的应用才能让信息产生价值。

按这个思路继续思考：

洞察力的形成就是对某个问题，运用知识和原理制出的方案。只有拥有了洞察力，我们才能进入、探索并占有精神高地，也才能真正在认识思想具有创造力以后，自如地运用思想。

智慧拾萃

1. 如何达到和谐?

从经历中获取养分。

2. 困难和障碍意味着什么?

可以给我们精神成长带来帮助。

3. 如何避免这些障碍和困难呢?

正确理解和运用自然法则。

4. 思想如何彰显自身遵循的原则?

通过吸引力法则。

5. 什么能让思想生长、发展、成熟?

爱能赋予思想活力，提供思想成长的必需品。

6. 怎样得到好的境遇?

先有好念头，才有好结果。

7. 不好的境遇是如何发生的呢?

错误的思想吸引错误的结果，有因才有果。

8. 如何战胜恐惧、贫穷、混乱和匮乏?

思想上多运用自然法则，不要产生谬误。

9. 怎样做到对法则产生认知?

真理会战胜谬误，有光的地方就不会有黑暗。

10. 什么是真正的“领悟”?

知识不会自己运用自己，我们要运用知识让其产生价值。

第16课

坚守自己的思想领地

生命从它诞生的那刻起，就进行着成长、发展直至衰亡的周期运行。在这个过程中，成长和发展最为关键，意味着生命的自我完善。在我们的生命周期中，七年为一个循环，每一个七年代表着一个新的阶段。

生命的第一个七年是幼年期，这个时期正是懵懂无知的年龄；第二个七年是儿童期，虽然天真烂漫但责任意识已初步形成；第三个七年是青春期，对事物有了自己的认知并开始担当一定的责任；第四个七年是成熟期，生命开始进入成熟的状态；第五个七年是建设期，在这个时期生命会逐步获取财富，拥有成就，建设住宅和组建家庭。最关键的阶段是35–42岁，这是反应和行动的阶段；然后生命会进入43–49岁，这是调整、重组和恢复的阶段；直到50岁以后，生命又进入下一个七七循环。

无论生命处在哪个阶段，只有真正实现自我完善和自我控制的人，才能形成独特的人格魅力，而具有这种魅力的人，无疑也具备了积累财富的资源和潜力。

自我完善是一种内在的、深沉的，由里及外散发出能量和创造力的状态。在这个过程中，生命会表现出独特的思想和见地，以及无私的情感和高尚的心灵。同时，它也是一种热爱生活、执着追求、不懈努力、永不气馁的积极状态。如此，在财富面前才不会妄想不劳而获，不会盲目追求，而是把财富看作正确付出后得到的回馈。这样的人忠于自己的理想并能做到坚持不懈地努力，最终凭借自己的奋斗换来想要的成功。

一个普通的人，只要心存觉悟，时时处处做到自省和自我完善，就可获得圆满的幸福和快乐，从某种意义上来说，这才是一个人真正的财富。

1 财富的属性在于交换价值，它可以交换一切对人有用以及令人产生愉悦的物品。财富是一种媒介，在交换过程中体现出价值，如果没有交换，财富就没有真正的实用价值。

2 劳动产生财富，所以才有了勤劳致富的观点。劳动是因，财富是果。

3 财富是没有终点的，它只是通往终点的途径。让财富成为手段而不是目的，我们要做财富的主人，而不是仆人，这样才能让财富为我们服务。

4 衡量一个人成功与否不是看其拥有财富的多寡，真正的成功来自高远的理想，这比任何财富都有价值和意义。

5 想要成功，离不开树立一个为之奋斗的理想目标，这样才能朝着目标而行，过程中，把握好成功的方法，才不会偏离方向。切不能把方法当作目标，更不能把途径看成终点。

6 有句名言是这样说的：“成功的人都是有着最高精神领悟的人，财富也会被这种精神能量所吸引。”但很多人并没有认识到这种能量，因为他们没有一个理想的目标，即使浑身充满力量，依然不知向何处发力。

7 凡是成功的人靠的都是心中的理想。比如，卡耐基刚去美国时，母亲靠帮人做事养活一家人；托马斯·利普顿当年从25美分起家，最后变得富甲一方；哈里曼在没有成功之前，父亲也只是个穷职员。这些人没有什么权势和财富，但却并没有阻碍他们成功。

8　石油大亨费莱格勒之所以能够成功，离不开他对自己目标的视觉化和集中意念。他不断在头脑中描绘自己渴望的图景，想象着火车在轨道上飞驰，汽笛发出轰鸣声，他成功的秘密就是不断地强化他对石油的梦想图景。

9　先有思想才能有行动，所有行动都受思想的指导和支配。如果不过脑子就做事，往往不会收到好的结果，这就是因与果的循环，任何外在的境遇都有其内在的原因。社会也是按这套法则有序运行的。

10　所有成功人士都是理想主义者，他们能够运用心灵和精神能量，并且将目标视觉化，然后集中意念朝着目标迈进，结果就在他们一点一滴的思想中不断地结晶成形。

11　思想就像我们小时候玩的橡皮泥具有可塑性，我们可以按照自己的意念对其进行塑造。思想需要被运用才会有价值，不管做什么事，先对这件事在思想上进行认识和恰当运用是非常必要的。

12　不要想不劳而获得到财富，这并不是一件好事，反而有可能带来灾难和羞辱。我们通过努力得到的财富才是真正的财富，和我们的努力不成正比的财富仅仅是过客，我们无法永久占有，也不应得到。

13　外在世界的种种际遇都与我们的内在世界相对应。任何一种事物进入内心都会在我们的心灵上留下烙印并形成精神意念，而这种意念正是创造性能量的生产模式。好的事物产生好的结果，坏的亦然。所以，在事物进入内心世界之前一定要把关，明智地决定让哪一种事物进入内心。

14 对于吸引力法则，我们是能够自我掌控的。我们运用思维的力量，掌握自己的命运、精神、心灵和身体。命运掌握在自己手上，想吸引什么就去创造什么样的精神图景。

15 我们想要实现某种境遇，就要有意识地去创造，这样境遇最终才会出现。命运牢牢地掌握在每个人的手中。所以，归根结底，思想是生命的动力，如果一个人能掌握自己的思想，就能掌握自己的命运和外在的际遇及环境。

16 思想来自意识，意识又来自心灵的印记深度、观念的优劣、视觉化的清晰度，还有拥有精神图景的魄力与胆识。心灵的印记如果是勇气、力量、胆识和意志，那么思想也是如此；观念如果是建设性的，那么思想就会充满活力和生命力；视觉化越清晰，行动上越有胆识，那么思想就越能汲取所需的一切营养成分。

17 思想彰显善恶的能力就是它的分化能力。如果思想彰显出来的是“善”，说明我们的思想是和谐且具有建设性的；如果思想彰显出来的是“恶”，说明我们的思想是不和谐且具有破坏性的。

18 所谓的“善”和“恶”都不是实体和固定的形态，只是用来描述行动结果的一种状态而已，而所有的行动都离不开思想的控制。

19 不和谐且具有破坏性的思想本身就带着分化瓦解的毒素，虽然它会自行消亡，但在消亡的过程中却会带给我们疾病、灾难以及其他的不和谐。所以说，破坏性的思想就像一把双刃剑，伤害别人也伤害自己。

20 努力可以换来成功，同样失败也是自己造成的。有些人倾向于把一切的失败和困厄归因于外部的自然力量，事实上自己的“心智”才是真正的自然力量。

21 视觉化的力量可以控制我们的境遇，这是一个毋庸置疑的事实。内心渴望什么样的境遇，就会形成一个什么样的视觉化图景，而不用去想其他的人或事。你若只想自己渴望的人和事，那么渴望的东西就会在合适的时间和地点出现在你眼前。

22 思想和心灵既对立又统一。思想决定心灵状态，好的心灵状态又会让思维能量不断增强。

23 在心灵中绘制一幅成功的画面，就是视觉化图景，这是一个思维的过程。心灵有了印记就会影响观念和理想，有了理想就会形成计划。所以，心中一旦有了理想，就要让这幅图景不断清晰。如果心灵忠于理想的话，就会有积极行动，那时就用科学的手段去实现它。

24 我们的眼睛只能看到客观存在的有形事物，而看不到精神世界中无形的存在。视觉化图景就是让心灵像眼睛一样，看到思维中存在的景象，然后把它完整地呈现在客观世界中。

25 回想一下为了实现目标你所付出的行动，是朝着高尚的方向努力还是朝着自私的方向努力？二者出现的结果绝对不一样。这就是自然法则的运行规律。一切看似“不过发生了”那么简单，背后却是你不同的努力得到的结果。

26 我们的思想依靠感受而产生能量，思想与感受必须同时存在，这样情感才可以战胜理智，我们的所有官能都是感受带来的变体。

27 想象力没有自我控制力，必须依赖人的意愿对其进行引导。如果不对想象力进行视觉化的约束和指导，它就会陷入空想和不切实际的结论中。若再不加以分析和检验，我们的心灵也会得到错误的印记，从而导致精神混乱。

28 成功的人都拥有“远见卓识”，也就是洞察力。这种洞察力可以对理念进行分析，对非科学的东西加以摒弃，从而不会在无意义的事情上浪费精力。因此，成功也会为你的奋斗带来回报。

29 任何伟大的建筑师如果没有图景都无法完成伟大的作品，心灵也是建筑师，只有提前构筑一种正确的、符合科学的精神图景，才能实现我们渴望的未来。

思维练习

你这堂课的作业是，让自己认识到这样一个重要的问题：真正的财富来自和谐幸福的精神状态，而不是物质上的占有。一切都需要用心去营造，收获的结果取决于个人的思考和行动。因此，如果我们想要获得物质上的财富，首先要进行自我完善。这是一种科学的、正确的思维方式。

当我们成功地达到了这种精神状态，那么一切愿望的实现就会像已经发生的事实一般，变得容易得多。

智慧拾萃

1. 什么是获取财富的基础？

拥有和谐良好的精神状态。

2. 财富价值是什么？

实现理想的愿景。

3. 如何才能成功？

依靠精神力量。

4. 精神力量来自哪里？

对精神力量进行不断运用。

5. 如何在变换中把握命运？

把想实现的情景变成不断强化的意识。

6. 什么是生命中最重要的事？

思想。

7. 邪恶之源来自哪里？

破坏性思想就是邪恶之源。

8. 真善美的源头来自哪里？

科学正确的思想能带来真善美。

第17课

希望源自强烈的渴望

练习气功的时候，有一个词叫作“意守”，简单地说，就是将意念集中且持续地聚焦在身体的某一部位或是某一事物上的方法和过程。通过意守，练功者可以排除杂念，实现“一念代万念”，逐步达到气功入静状态，并在此基础上体察身体各方面的感觉与变化，然后进行自我调整，以取得更好的练功效果。

人人都渴望实现自己心中的目标，结果却常常被世事所困扰，使得注意力很难保持高度集中。心有目标只是第一步，如何向这个目标进行聚焦才是关键。而聚焦目标自然离不开意念的集中。

注意力的集中，实际上就是一个如何运用意识的问题。人只要活着，无时无刻不在进行着意识的活动。人这一生，全神贯注、集中意念是至关重要的。只要能正确地集中精神意念，便可以产生好的结果。因为当心中对某个事物产生了强烈的渴望时，自然会集中意念，进而产生不一样的行动和力量。

1　人之所以能够拥有“支配万物”的权力，是靠精神和思想。思想作为一种高级活动，必然决定一切行为模式。精神处于高位，所以外在的环境、境遇以及和精神相联系的万事万物才受其支配。

2　我们靠五官去感知外在的世界。对于人和神的观念及区别也源自眼、耳、口、鼻得到的经验。但真正的观念来自精神上的洞察力。精神力量的纯粹振动就是朝着一个方向持久集中精神意念，最后获得可以洞察外在世界的力量。

3 任何伟大的发现或是卓越的成功都离不开持久观察，这样才能得出结果。意念能够持久集中，就能保证思想不间断、平衡、连贯地进行流动，所以，精神集中需要在一个坚韧、稳固、持久、有序的体系中进行，才能得到想要的结果。

4 集中意念并不是必须刻意去努力，而是一种沉浸其中的忘我状态。就像成功的演员能够忘却自己，完全进入角色，表演的结果才真实感人，打动观众。

5 如果你能沉浸在自己的思想中，忘却外在一切不相关的事情，这就是真正强大的意念集中，带来的结果就是精神上的洞察力，让你看明白客观的本质，并发现其中蕴含的秘密。

6 心灵就像一块磁石，吸引着知识和智慧，并让这些知识和智慧为我们所用。而对于知识的渴望才是磁力，越渴望越能集中意念。

7 对一个东西的深切渴望来自潜意识，它能激发心灵的能力，让问题得以解决。有了渴望再加上集中意念，有助于揭开一切外在的秘密。

8 想要实现我们的意图，需要靠集中意念去激发潜意识，然后对物质、精神和身体进行有意识地控制。实现这一切不是靠一时的热情，而是靠极大的自信。

9 精神原则能够掌控外在的一切，包括物质、精神和身体。

因此，精神原则能够使人们摆脱“有限”的成就，然后把思想模式转化成意识和性格，进而引导你进行有效行动。

10　意念完全集中不是考虑某个想法，而是把想法变成实用价值。有了“我是什么”比“我要什么”更重要。你若想拥有某个渴望的“分外之物”，就必须先给这个“分外之物”一个“领地”。

11　理想很丰满，有时候却不容易在现实中实现。如同心灵刚要展翅却又重重跌落。精神上，把理想定得很高，实现起来却发现很难。但这并不应该成为放弃继续尝试的理由，没有成功，只是说明我们还需继续努力。

12　重新尝试，最终会让你战胜软弱；不断去复重，才会打破精神的不确定性或身体的局限，最终获得自我掌控的美好感觉。

13　任何成就都离不开渴望与意念的集中。复杂而庞大的社会学是由社会学家把精力集中在生活上而形成的；地质学是由地质学家把注意力集中在地下层的构造上而形成的；神秘的天文学是由天文学家把注意力集中在星体之中而形成的。一切事物都是如此。

14　对事物的渴望越强烈，意念就会越集中，这样才能引发准确无误的行为，并逐步赢得渴望的结果。

15　欣赏更高事物的价值，离不开伟大的思想，以及与这些伟大思想相互吻合的情感过程，这会让心灵拥有更大的能量。

16　意念集中有神奇的能力，能够消除自卑、无力、软弱和疑惑，并且获得征服的快感。短时间的高度的意念集中和对实现理想的强烈渴望，胜过成年累月漫长、被动、缓慢的努力。

17 渴望是一种力量，一切商业上的成功都离不开把理想客观化。性格果断，意念集中才能成功。每一个商业活动都离不开精神因素，同时还考验实践中的洞察力和迅速作出结论的能力。坚定、重要的美德都会在商业活动中显现出来。商业活动也能培养人的心灵，并且让精神活动的效率不断提高。

18 心灵的成长从低层向高层迈进，如果坚持不懈地进行精神努力，能够开发进取精神和独创性，这样就会让心灵和精神不再受到外界的干扰和本能冲动的左右。

19 心灵就像发电机的开关，只有启动才能让它发挥威力。心灵是让身体运转的开关，让意念集中产生的能量威力无比，令人不敢想象。

20 身体需要摄入食物才能维持生命，精神也需要摄入它所关注的客体，才能获得生命得以存在的能量，这并不神秘。如果把意念集中在一些重要的事情上面，直觉的力量就产生了。集中意念就是把意识聚焦与关注对象合而为一，如此才能帮助你获得走向成功的信念。

21 人的直觉就像神一样，超越了理性的范畴，常常不期而至，让人觉得它是来自更高层次的力量。直觉不是靠经验或记忆，往往会出其不意地让我们感觉找到了盼望很久的真理，令人惊喜。直觉是可以认识、欣赏和培养的。如果直觉光顾了你，一定要给予它像皇室一样的接待礼仪，这样它下次还会再来。你的接待越充满热情，它就会越频繁地光临。反过来，你对直觉不予理会，它就会与你渐渐疏远。

22 潜意识像个常胜将军一样，能够赋予行动力量。如果你的意愿与自然法则相一致，潜意识就会给予你心灵强大的勇气。你取得任何一种程度的成就，都来自你的愿望。

23 每跨越一次障碍就增强一次信心与力量。这样，就会有越来越多的信心与力量为你所用。而力量来自精神状态，你越表现出自信的状态，越会有不怕挫折的信念，这样你就会从精神领域发现内在的真实需求。

24 我们要知道自己是追求力量，还是追求代表力量的符号？名声是符号，荣誉是力量；富贵是符号，财富是力量；地位是符号，支配权是力量。如此一来，你追求的若只是代表力量的符号，即使追上了也会很快成为过眼云烟。

25 明确内心的真正目标，让心中的想法保持坚定不移，它就会帮你找到实现目标所需的材料。那么你最终实现的也是力量本身，而不仅仅是力量的符号。

26 人们为了得到金钱或其他一切力量符号，竞相追逐。为了财富终身索求的人，即使口袋装满黄金，拥有巨额支票，最终仍会发现金钱不过是一个数字而已。如果真正认识到什么是力量之源的话，就不会对这些符号趋之若鹜。同样，找到力量的人，更不会对力量外面的这些伪饰产生兴趣。

27 外在的变化来自思想，如果把思想对准内在世界，思想就会让一切事物有了法则，也就能理解万事万物的精神和内涵。

28 事物的精神本质是事物的核心部分，也是事物的真实存在。想要领会万物的本质，就要先把握这些本质，使它们听命于你。这样外在形态才能按照内心精神来显现。

29 任何力量都来自放松，越是不纠结于结果，越能让意念集中。不要刻意地为实现目标而去努力做什么。只管凝神思考，直到意念与目标合而为一，那样你的头脑就不会有其他干扰意识的东西存在了。

思维练习

直觉诞生于“寂静”，所以很多成功人士都习惯拥有独立的办公空间。心灵也是如此，越是能够让它独处，它越能对抗外界的干扰。在寂静的状态下，很多生命中的重大问题都能够得到处理和解决。如果你无法拥有一个独立的环境，那么至少可以找一个能够独处几分钟的场所，每天锻炼你的思维，那样才能开发出属于你自己的强大能力。

想实现目标就要学会集中意念，把目标当成已经完成的事实；意念集中于勇气，就不会有恐惧；意念集中在健康上，就能消除疾病；意念集中在富足上，就能消除匮乏。这是强大的生命法则，也是实现“果”的“因”，同时能与你将要实现的目标建立关联，并给予行动积极引导。

智慧拾萃

1. 什么是集中意念的正确方法?

摒弃一切与思想关注的对象无关的东西。

2. 这样的方法能带来什么结果?

带来无形的力量，改变外在的境遇。

3. 什么决定思维方式?

精神原理。

4. 精神原理是什么原理呢?

内心所渴求的与自然法则相一致。

5. 意念集中的价值是什么?

思想形成品格，品格创造外在环境。

6. 决定商业活动的根本因素是什么?

精神和思想。

7. 意念集中靠什么运行?

靠直觉、智慧和感知能力。

8. 直觉为什么高于推理?

直觉不依赖记忆和经验，而是来自潜意识。

9. 追求代表实象的符号，会有什么结果?

符号不代表真正的实象，即使追上了也是过眼烟云，转瞬即逝。

第18课

付出越多，收获越大

每个人在这个世界上都不是孤立存在的，而是时时刻刻都处在各种各样的关系之中。对一个女人而言，当她处在多种社会关系中时，就扮演了多重角色和身份。她既是母亲又是女儿，既是妻子又是姐妹。男人也是如此。扮演不同的角色，并承担与角色相对应的责任。所以，一个人的存在，在于他和别人的关系、和社会的关系、和整体的关系，这些关系共同构成了一个人的外在环境。

这也充分说明，个体属于整体，个体是宇宙精神的分化。外在环境彰显出的个体化和人格化就是个体与整体关联的方式，而且外在环境受内在吸引力法则的主导。我们的生存资料也同样遵循这样的吸引力法则，只有透彻地理解和掌握这个问题，使个体与整体有所区别，才能让内在的吸引力吸引来好的生存资料并为我们所用，最终外部环境也会呈现出内在的思维状态。

1 世界的思想观念在不断变化，这些变化在我们身边不断上演，也可以看作是自异教衰亡以后最明显的思想变革。

2 这场思想革命正在改变所有人的观念。无论是上层有教养的人还是底层的穷人，无论是信仰基督教的人还是信仰伊斯兰教的人，无论是白人还是黑人。但关键在于，有的人已经对这样的思想革命做好领受的准备，有的人却无动于衷。

3 从生物的角度来看，一切都处于被创造和再创造的流体变化状态之中。矿物世界也是如此，看起来固体不会流动，不易挥发，事实上也在时刻发生着细微的变化。

4 所有的变化都趋于越来越好，越来越精神化。从低能量变为高能量，从粗糙变为精致，从有形变为无形。到了无形的境界，才发现能量是最纯粹、最高级的状态，随时都等着我们去激发。

5 改变让人们不再受传统桎梏的羁绊，用新文明的信念与眼界取代了旧的教条、习俗，打破了残暴、陈腐和不适应新时代的东西。当今，科学发现层出不穷，揭示了很多不为人知的力量。无数种可能和无尽的资源都无法明确、无法定义，没有哪个理论是不容置疑的规定，也没有哪个理论是绝对的荒诞不经。

6 有一种意识和力量正在唤醒我们，让我们重新用审视的眼光来看待自己的内心和外在的世界。

7 在有形的物质世界里，人们已经从分子、原子、量子细化到了极致，内部构造也看得更加透彻明白。那么，现在是时候对精神进行量子级别的细化了。

8 精神是存在于我们内心世界的终极能量，它维持一切。精神孕育了观念；精神的运行过程就是推理；精神的逻辑是提出问题；精神的组织机体是论辩与哲学。所以，外在的风云变幻，都是精神在处理事务而已。

9 脑容量的不同决定了人与动物的区别。智慧让动物比植物高一等级，又让人比动物高一等级。

10 拥有智慧的程度越高，越能理解自然法则，越具有更强的能力。一切生命个体都是靠智慧生存的，出现的个体差异也是由智慧来决定的。这种智慧表现在人类身上就是人能够控制自己的行为模式，并且按照外部环境去调适自身的能力。

11 心灵就像钟表对时间一样需要不断地进行调适。这种调适正是对宇宙精神秩序的认知。先遵从这种精神，它才会听从我们的指挥。

12 宇宙精神遵循自然法则，并对一切需求给予回应。我们认知了自然法则，就能跨越时空距离，既可以在水面上漂浮，又可以在蓝天上翱翔。人类是宇宙智慧的个体形式，所以也应遵循自然法则，从而控制没有达到完全认知的个体思想。

13 宇宙是物质与能量的源泉，个体是宇宙能量的分流渠道。所以，人类思想的能动性和创造性也源于宇宙。

14 个体与整体能量趋同，只是程度不同而已。因此宇宙通过个体创造不同的组合，让不同的现象发生，使得创造的新物质在振动频率上与原物质严格保持一致。

15 在这个一致中，起着纽带和桥梁作用的是思想。思想把人类个体与宇宙、有形与无形、有限与无限联系在一起。思想拥有“思想”这个特征，才能进行感觉、行动并获得知识。

16 科技借助高倍天文望远镜，让人的肉眼可以看到几百万英里以外的世界；同理，如果人能领悟，就能与宇宙精神这一伟大力量建立联系。

17　人类如果没有理解和领悟的能力，就如同录像机里没有录像带，只有一个空镜头，终究无法产生任何认知。

18　真正对人类有价值的信念是经过实践检验的信念。一旦经过检验，信念就能转化成真理和信仰，并能够通过方法、手段加以运用。否则，信念仅仅是一个领悟而已，起不到什么作用，就像食人族也有信念，但又有什么用呢?

19　很久以前，科学发展几乎是一片空白，人们就像坐井观天的青蛙。没有足够倍数的望远镜，又如何去定位数亿英里以外的星球呢?后来，科学的发展拓展了人的视野，使其了解了更多的知识，因而才能不断收获巨大的成果。

20　对精神世界的领悟也是如此。人类需要让精神望远镜不断更新换代，人与宇宙精神联系的方法也需要不断地更新和进步。

21　每个原子都吸引着其他原子，万物正是通过这个原理相互联系在一起。同样，客观世界彰显的宇宙精神也是通过吸引力法则联系在一起。这是外在一切结果产生、依赖的唯一途径。

22　宇宙原理通过万物美丽壮观的生长力来表达。生长需要拥有生长所需的资料，因此，有了互惠的条件才能促成生长。在精神层面，同类事物相互吸引、做出回应，并通过振动保持和谐一致，对与之不和谐的事物则视而不见。

23　贫穷和富裕不能互惠，反而相互违背，富足只回应与之对应的意念。内在财富吸引外在财富，并且二者互为一致，这样就会拒绝贫穷。人类真正的财富源于不断地付出和给予。付出得越多，收获得也就越多。所以，一个人如果将全部身心都投入到工作中，他一定会收获无止境的成功。

24 客观世界的富足靠思想运行的能量来决定。比如，那些成功的金融家、行业领袖、优秀大律师、医生、作家、发明家等，虽然他们为人类福祉所做的贡献只是他们的思想，但是却让他们有了无比光辉的形象。

25 宇宙精神是保持平衡的物质状态。我们的思考是宇宙精神形式上的分化，是精神上的动态阶段。

26 认识力量才能获得力量，运用力量才能拥有力量。对精神力量的运用来自意念的集中。意念越集中，获取知识的能力越强，而知识也是力量的另一种表现形式。

27 天才和成功人士的成功来自专注，也就是意念集中。我们需要在不断地练习和实践的基础上培养这个特质。

28 人就像一台构造精密的机器，要进行复杂的运转，要进行吐纳和新陈代谢。一如肉体需要呼吸才能存活。为此我们要专注于创造力的练习，让思想停留在一个事实上：精神的存在和运动如同肉体，也需要吸纳新的力量才能延续下来。

29 在自然界中，没有种子就不会有参天大树，更不会长出幼苗、开花和结果。精神世界也是一样，只有播种才能收获果实。果实的性质取决于种子的性质。所以，只有领悟了因果循环法则，才能领悟外在境遇，达到这种领悟就收获了意识的最高境界。

思维练习

在现实中，你的感受总是与你面对的现实相一致，这就是吸引力定律。世界上的一切都联系在一起，就像磁铁可以吸引磁铁一样。因此，你内在是什么样的，就会吸引什么样的外部事物。所以，要有意识地练习自己的内在吸引力，如果你想要的人或事物出现在你的生活中，说明你正处在正确的轨道上。如果你做一件事情，无论怎么努力都达不到想要的效果，这就是吸引力法则在告诉你：你需要调整方向。

智慧拾萃

1. 如何衡量个体生命的差异？

通过个体生命彰显的才智。

2. 个体通过什么方法掌控多种才智？

通过认识个体与宇宙的一致性。

3. 什么是创造力的来源？

宇宙精神。

4. 什么是宇宙的外在形式？

人类个体。

5. 什么让宇宙与个体产生联系？

内在思想。

6. 通过什么实现生存法则？

通过爱的法则。

7. 爱的法则如何表现？

借助生长法则来表现。

8. 什么条件促进生长法则？

互惠原则，付出什么就会得到什么。

9. 最好的付出是什么？

是思想。

10. 收获的又是什么？

思想带来的能量。

第19课

用智慧战胜恐惧

有一种情绪反应，在人类和动物界中普遍存在，那就是恐惧。恐惧是一种消极和负面的情绪反应，是个体觉得没有力量对抗危险、想要回避，并且呈现出不安的心理状态。动物遇到天敌会有本能的恐惧反应，相比动物，人类具有想象力，同时拥有语言和文字能力，这就使得恐惧更是无处不在，无时不有。

文字对于恐惧的描绘非常丰富，像恐怖、惊吓、不安、胆怯、担心、沮丧、惊恐不安、惊惶失措、大祸临头、战战兢兢、惶惶不可终日……这些文字足以说明恐惧情绪是普遍存在的，人类战胜恐惧的目标任重道远。

恐惧感一旦产生，会使大脑中枢神经受到麻痹，然后影响血液循环和肌肉。所以，恐惧影响个体的整个生命存在，从大脑到神经，从身体到精神。

那么，人什么时候容易产生恐惧呢？那就是把所有心思都聚焦在自己身上的时候。如果把注意力转移到别人身上，恐惧的感觉就会消失。所以，可以这样说，凡是恐惧皆来源于对自我的过分关注和在意。有一种力量可以战胜恐惧，那就是通过运用自然法则获得精神上的力量。一旦拥有了这种力量，就可以提升生命的潜能，让精神、道德和心灵进行释放，进而产生源源不断的能量。虽然我们不知道电是什么，但却知道如何正确运用电，让它为我们服务。精神的力量也是如此，一旦我们能够运用这种力量，就会让恐惧远离我们。

1 有智慧的人类不会盲目地探索真理，而是根据逻辑和系统化进行的。逻辑和经验的形成，靠的是潜意识的指引。

2 探索真理的意义就是寻找一种终极动因。人类的发展每经历一个阶段，都会有一个结果。如果我们明确了这个结果的“因”，就会在以后的发展中有意识地控制这种“因”，使其按照自己想要的“果”来进行。如此，我们的一切遭遇就都尽在掌握之中了。

3 有了这样的认知，我们就知道，人生不是球赛，人也不是外在环境的玩偶。我们可以做环境的操控者，做命运的主人，就像驾驶火车的司机那样，能够游刃有余地操纵人生的方向盘。

4 世间万事万物都在一个体系中运转，既不对立又不孤立，而是彼引关联。在时机成熟的情况下，还会相互转化。

5 虽然我们外在的世界看上去有无数个对立面：不同的事物有不同的形状、大小、颜色，有内外有两极，有肉眼看不见的和看得见的。但是这些不同的事物本身是相互关联的，只是人们为了方便称呼而给它们起了不同的符号与名称，这只是表达方式上的不同而已。

6 任何事物看似都有对立的两个方面，并且有着不同的名称，实际上这两个方面都不是独立的实体，而是整体中相互关联的两个部分。

7 存在于精神方面的法则也是如此，比如我们用两个不同的词来形容智慧的状态，一个是“无知”，一个是“知识”，其实这两个词表达的是一个意思，“无知”只是

“知识”缺乏的一种状态而已。

8 再用道德世界中的“善”与“恶”做比较。“善”是有意义的，“恶”却是一种反面状态。如果“善”没有当家，“恶”就会趁虚而入。就像光明能驱逐黑暗，真理能打败谬论一样。“恶”虽然也是一种客观存在，但却因为没有意义而失去活力和生命力，容易被“善”打败。因此，在道德世界中“善”就成了唯一的法则。

9 这个法则用在精神方面也是同样的道理，虽然经常说到“精神”和“物质”，似乎是两个独立的实体，但在精神世界里只有唯一的精神法则，物质只是精神的外在彰显而已。

10 物质是不断变化的。比如，从永恒的时间来看，一年和一万年没什么区别，而精神却是永恒存在的。就像我们现在看这熙熙攘攘的世界，是古人无法想象的；等到几百年后，当我们的子孙站在我们现在的位置看世界时，对现在的世界也没有任何概念。今天的一切“物质”，都会消失在历史长河中。

11 动物和植物界也同样遵循这样的变化法则。无数的动物在短短的几年生命之后就会消失，植物更是如此，一年一凋零……在无机的矿物世界中，或许能期待“物质”能活得久一些。但是，沧海桑田也让我们感慨不已：有的大海变成了陆地，有的森林变成了沙漠，有的公园变成了峡谷……

12 万事万物的变化都源于宇宙精神的演变。物质是精神借用的一种外在形式和条件，本身不具备法则和原理，能够主宰世界的唯一原理和法则就是精神法则。

13 所以，我们可以确信，物质世界、精神世界、道德世界，还有我们的心灵世界，都受精神法则的主宰，这是非常笃定的法则，精神是不可替代的唯一法则。

14 精神如果没有思考来辅助，就会呈现出静止的状态。思考能力让精神转化成心智的动态能力。反过来，思考让精神变成运动的状态，我们也就拥有了动态心智。

15 运动需要能量，食物就是身体的动力燃料。如果不吃东西，人是无法进行思考的。精神的运动也需要借助外在的物质手段，这样才能转化成可以为人类带来幸福和快乐的力量之源。

16 所以，人要通过思考转化宇宙精神，要靠外在的形式提供能量，这种能量就是食物。这就好比想把电转化成能量，要借助一定的电力；想让植物茁壮生长，需要阳光的能量。

17 思想在客观的物质世界中成形，外在境遇就是思想表达的出口。所以，我们不能忽视一个事实——如果你的思想积极、强大并具有建设性，那么外在的健康水平、事业状态和生活际遇就会很和谐；如果你的思想带有破坏性，并且产生负面想法，那么生活就会呈现出恐惧、不安和忧虑，你的健康、事业和感情也会变得不和谐。

18 具备力量的财富才真正有价值。世间万事万物，都会表现出一定程度和不同形式的力量，所以力量产生财富。

19 自然物质的能量不断论证着因果循环的真理，比如重力、电力、蒸气等，如此才让人敢于积极制订并执行计划。自然法则不但统治物质世界，还统治精神能量。那么，什么是精神能量呢？就是我们内在产生的心理力量。

20 我们上小学、中学、大学，都是为了开发我们的心灵潜力，学校就是我们精神能量的发电站，这就是唯一的价值。

21 发电厂提供能量，才能让庞大的机器正常运转。人类之所以拥有舒适的生活，源于发掘了很多可以被转化成能量的原材料。同样的道理，我们也需要寻找更多的原材料来服务我们的精神发电厂，让它转化成高于自然力的能量并为己所用。所以，比起那些靠能量运转的自然力，精神的力量更加高深和强大。

22 什么原材料是可供精神发电厂转化的呢？或者说什么样的原材料才能转化出真正伟大的力量呢？这个材料就是静态的精神和动态的思想。

23 这个能量可以战胜自然界的重力原则，可以跨越时空距离，并被人类开发和利用。它存在于更高的层面，是世世代代的人类辛苦劳作都无法完成的。

24 半个世纪以来，思想的能量创造了无数不可能的奇迹。可以想象一下，精神发电厂在50年之内就有了这样辉煌的成就，那么下一个、下下一个50年又将创造哪些奇迹，到达什么样的高度呢？

25 万物产生的本源是无限广大的。科学认为，光以每秒186,000英里的速度进行传播，宇宙中很多星球的光线经过2000年才能到达地球。在光的传播过程中，以太（能媒）会带动光线运动，而以太（能媒）只有是连续的，光线才能穿越那么漫长的时间到达地球。因此，我们可以得出结论，物质产生的本源就是普遍存在的以太（能媒）。

26 以电学为例，我们分析一下在形式上又是如何体现的。电池有铜和锌两极，连起来就形成了电路，电流通过电路就产生了能量。凡是具备两极的事物，形式都相似，都是振动产生的，根源就是原子和原子之间的关系。因此，我们要想改变客观环境中的表现形式，就要改变事物的两极，这就是因果循环。

27 这也是要求我们不能只看事物的表象，而要深究本质。天空不像我们看起来那样是个巨大的幕布；地球也不会处于静止的状态；太阳不是绕地运行；星星也并非看起来那么微光点点。所有的物质都处于永恒的运动状态之中，而非静止不动。

28 照这样的思路去想，也许某一天，我们就会明白更多宇宙精神的运行原理，我们的思想和行为就会真正发生改变和调整。这一天，一定会来到。

思维练习

恐惧纯粹是一种心理想象，是一个幻想中的怪物，一旦我们认识到这一点，我们的恐惧感就会消失。我们要练习自我引导，把头脑中形成的自我怀疑、自我否定、感觉自己不如别人、感觉没有出路、莫名的内疚和自卑感等等这些“恐惧”赶出头脑。

所以，本周的练习就要尝试花点儿时间，练习让自己把错误的负向心理暗示转为正向。当负向的念头升起时，就想着这是自己在成长，往好的一面去想就是在锻炼自己扭转负向心理暗示的能力，果断积极地去行动吧。

智慧拾萃

1. 如何对照两极？

内与外、顶与底、光与暗、好与坏，这些都是两极的对照。

2. 相对的部分是独立的实体吗？

它们不是独立实体，是属于整体的部分或者整体的不同方面。

3. 什么是物质、精神和心灵的创造性原理？

万物都由宇宙精神而来，这就是创造性原理。

4. 如何才能和这个原理联系起来？

我们的思考能力是媒介。

5. 创造性原理怎样运行？

思想引发行为，行为产生结果。

6. 什么是运行的本质？

本质是振动的频率。

7. 如何改变振动的频率？

依赖精神行为。

8. 精神层面的行动依靠什么？

两极的作用和反作用，也就是个体与宇宙之间互相作用。

9. 创造的能量源于个体还是宇宙？

源于宇宙，但需要通过个体来彰显。

10. 为什么个体才是必要的？

个体进行思考赋予宇宙推动力，才能将宇宙的静态转化成能量；反过来，个体和宇宙又能产生作用与反作用。

第20课

思考决定一切

当世间有了善恶，就出现了地狱和天堂之说，人们难免会有疑问，“既然宗教告诉世人，有全知全能的神普度和关照众生，那么邪恶与黑暗又是从哪里来的呢？”

事实上，众生才是万物之灵，才是神。无论是众生、万物皆是被创造而来，因此，真实的神就是创造力，或称为万物之灵。人也是创造力的产物。而这种种被创造的“产物”，实际是“精神之灵”在外部世界的体现形式，并且具有一种唯一且特殊的属性，这就是思考。

创造力就是思考所表达的思想，思考的过程也是创造的过程。所以，世间一切皆是思想过程的产物。外界无论发生什么，是美好还是邪恶，是建设还是毁灭，都是思想过程的产物。

所有的外在，即我们能够用肉眼看到的一切，包括发明创造、建设性的活动、组织结构等，都是思想创造力的产物。

当思想创造力表现出对人类身心有益，并且是人人都向往和喜欢的结果，就是“善”；反之，当思想创造力表现出对人类身心有害，并且是不被认可的结果，就是“恶”，这就是善恶的起源。“善”与“恶”只是两种不同的形态，是思想创造力所产生的不同的“果”。所以，不同的思想决定不同的行为，不同的行为带来不同的结果，这个结果就有了“善”与“恶”的区别。

1 精神代表着存在，所以一定具有永恒不变的属性。精神代表着自我，我们表现出的任何模样都是精神表现出的自我，如果精神消失了，人也就消失了。当我们明白了精神主导着我们，就会受到激发，努力让精神变得充沛并具有活力。

2 我们只有知晓了资源的存在，才会积极对它加以运用。比如，知道自己拥有财富，才会运用财富来改变生活。如果不知道身边存在的资源，即使财富就在身边也不会加以利用。因此，我们要想利用精神资源，就要知晓精神，了解和相信它，这样才能让它创造更有价值的东西。

3 一切事物的诞生都离不开认识、了解与创造它的基础。创造力依靠主观意识和思考来发挥作用，它把我们内在肉眼看不见的主观世界转变为外在一切可见的境遇。

4 人通过思考可以获得巨大的潜能，最终体现出人生的价值。人生的每时每刻都离不开思想和意识的创造性活动。思想像一只充满魔力的大手，在无形中操控和美化着我们的生活。如果我们对这只手不了解，不信任，生活又会变成什么样呢？

5 如果我们对思想一无所知，在认识世界方面就会变得愚钝、浅薄和片面，会不由自主地将自己的命运交给愚钝者。凡是善于思考的人，往往具备力量，很容易主宰自己的生活。这种主宰是一种“心力”，而不是暴力干预和财富把控。因此，善于思考的人会少走很多弯路，也会减少很多不必要的艰难与辛苦。

6　力量的奥秘来自对思考的掌握和运用，因为思考能够改变一切和创造一切。明白了这一点，我们才能持续不断地将这些能量、原理、方法以及精神产物领会透彻，从而让自身变得更强大，并与宇宙精神相连接。

7　这是一种恒定的法则，它的恒定性会给我们的生活带来福音，我们以此来和宇宙精神保持一致，并且体会和实践它的能量，同时，我们还可以创造和改变世间万物以彰显宇宙精神。

8　只要做到让思考过程与宇宙精神的本质相一致，那么你就是宇宙精神的信使，你的所有行为就是对宇宙精神的再现。所以，你就像手握利剑，有着无穷的力量，头脑中也闪着激情与能量的焰火。这样的力量将你的能力和活力尽情释放，让你的能力与宇宙精神相连。而你要做的就是完全信任和依赖它，让这种能量来美化和改造你的生活。

9　想要获得这种能量离不开内心的寂静。只有在寂静之中才能真切感知到这种具体的力量。宇宙精神就像海上漂着的五色瓶，海面平静才能让它浮出来，并在阳光的照射下，折射出五彩斑斓的光。

10　了解和悟透这个力量的使用方法之后，就要一遍遍地思考这个方法的过程。当你不断地在头脑中想象它的形象并彻底掌握，你就像戴了一个智慧光环，随时随地都能对这种力量进行自如控制。

11　我们无法探究自己全部的内心世界，但内心世界却真实地存在于我们的思维中。如果我们认真地去寻找、练习和琢磨，就会发现思维是一切存在的根本。它不但能够帮助我们自己，也能帮助周围的人，了解内心世界，了解外在环境与内心世界的关系，以此来改善内心世界，让外在环境变得更美好。

12 内在决定外在的永恒法则带给我们一个事实：外在的结果完全来自内在的思维。即使外在出现了“恶”，也是内在造成的。如果思考是混乱、局限和匮乏的，那么结果就会遭“恶”。如果我们经常思考贫困、疾病、不幸，那么外在的结果就像打开了潘多拉盒子一样，麻烦与苦痛就会不断涌现。有因必有果。如果恐惧灾难，灾难反而会来；如果思想冷酷而愚昧，我们就不得不面对未知的恶果。

13 因此我们明白，能量像一把双刃剑，用得好就是创造，用得不好就会带来毁灭。掌握了恰当的方法，就像得到了上天的庇护，它给我们希望与美好；如果错误地使用它，极有可能带来灾难。所以，借助这种强大的力量，善用勇敢与自信去对抗担心和恐惧，那时你就会发现，你也像天才一样，可以实现之前想都不敢想的梦想。

14 要拥有打破常规的勇气，因为力量就在自我的内心世界。思维带来的灵感能够让我们积极付诸实践并能达成所愿。

15 有一种能够实现的艺术被称为灵感，这是思维对于我们的馈赠。拥有灵感就能让个体精神与宇宙精神合而为一。它能够将世间一切的无形通过思维进行转化，将不完美变得完美，把无形变为有形，将不可能变为可能。灵感能够通过我们自身的思维过程帮助我们完成自我成长和蜕变。

16 我们接受力量无处不在的事实，它既可以存在于无限的空间，也可以存在于细枝末节。懂得了这些，我们就能汲取这种力量的精华，因为精神是恒定不变、不可再分的，所以能够随时随地得到它的帮助。

17 当我们理性上接受和信任这种力量以后，情感上也要接受，因为理性与情感是一对亲密伙伴。如果从理性和情感上都接受了这种力量，二者同时作用，思想就会真正发挥作用。

18 灵感产生于“寂静”的状态，所以，要锻炼自己的意念，让肌肉放松，感官静止，进入那种平定、寂静的状态，这也是让自身感受平衡与力量的方法。只有这样，才能更加愉悦而放心地接受智慧和灵感的洗礼。

19 获取灵感力量不是巫术也不是迷信，而是在“寂静”中运用正确方法获得的。一旦获得，它将为我们带来改变生活的无穷希望。我们一旦领悟了这种力量，就等于掌握了命运中的重要机缘，它不会使我们成为臣服的奴隶，而是赋予我们力量并协助我们，让我们在平凡的生活中变得非凡。

20 意识可以通过呼吸来训练，有意识的呼吸和无意识的呼吸会产生完全不同的结果。当我们明白了这一点，就要调整自己的意识状态，并积极接纳意识背后的意义。通过情感的主动，确保意识可以坚定地执行。

21 需求能够带来供应。当我们有意识地发掘内在需求，身体的力量就会积极地为这种需求提供能量和帮助，生命因此就会变得更加丰富多彩，充满活力，并且能量也会很快增强。

22 这其中的道理一点也不难懂，但还是有很多人并不知道这个生命的奥秘。如果我们能够发现并真正掌握它、运用它，就会为生命带来重大的意义。

23 如果有人告诉我们，生活中有这样一种物质，它被称为“灵”，也被称为“爱”。而我们的呼吸和吐纳都是在这个“爱”和“灵”中进行的，这就是“气能”。它是生命中不可或缺的存在，它就是宇宙的精神和能量。

24 我们不停地呼吸着这种“气能”，让身体变得健康充盈，由此我们就可以让生命与宇宙的智慧和能量联系起来。

25 让自身与宇宙能量和谐统一，并时刻保持一致，能让我们远离困境、疾病和诸多限定的规律，能让我们远离生命中的消极状态。最后，通过自身的呼吸来接纳阳光和宇宙能量，让真正的生命气息涌入身体。

26 有了这种生命气息，就如同拥有了“真我”的生命精华。如果能有意识地控制我们自身的创造力，就能让这种精神在身体里自由地扎根、生长，也能提升我们的能力。

27 思想的创造性有一个终极规律，那就是有因必有果。我们拥有什么样的思想就创造什么样的环境；反过来，环境又会影响思想的产生，不同的环境造成不同的思想。因此，明白了物质和思想的一致性，就要时刻让思想保持正确的方向、不偏航，这样才不会产生错误的结果。做到这一点很简单，就是与宇宙精神保持和谐一致，这样就不会因思想混乱而让结果背道而驰。我们自身就拥有一个魔法，你是创造自身还是毁灭自身，全依靠自己的思想潜能。

28　那违背这个法则，通过个人意志能远离坏的境地吗？答案是否定的。如果自由意志强制自然法则进行结果改变，也许会取得一时的侥幸成功，但最终不可能获得好的结果。因为，宇宙力量是普遍存在的法则，那种渴望通过自由意志改变这一法则的想法，是对事实和原则的歪曲，所以，很难成功。

29　那么，如何面对这种强大、不可抗拒的宇宙力量呢？若想得到它的帮助，就不要妄想通过主观意志去控制它，而是要真诚地顺应这种力量并与之达成和谐一致，这样才能被赋予同样的能量，并获得创造力和实现自身理想的机会，也才能最大程度地把潜能激发出来，最终创造生命的奇迹。

思维练习

这堂课主要练习心境，就是说要让心境进入“寂静”的状态。用平静的心去观想被称为“灵”的气能，观想我们的生命和这个“灵”有着怎样的联系。我们存在于这股“气能”中，在精神上和它有相同的本源，只是程度不同而已。作为存在于它之中的个体，就像个体与整体完全一致。如果能够深刻领悟到这一点，就能看到意念产生的神奇力量，能够真正区分什么是善恶，什么是悲喜。这种思考能让我们找到解决问题的能力，并且达到自身与“灵”的真正和谐与统一。

智慧拾萃

1. 力量的产生有什么条件？

认识力量并积极使用它。

2. 什么是意识？

意识包括认知、了解和领悟。

3. 对力量的认识是什么？

思考。

4. 人生真正珍贵的是什么？

正确又科学的思考。

5. 什么是科学的思考？

遵循宇宙精神，并与之保持一致的思维过程。

6. 如何实现这种和谐一致？

理解和深刻领悟永恒法则。

7. 这个宇宙精神是什么？

一切存在的基础与本源。

8. 生活中不和谐的结果产生的原因是什么？

原因是思想发生了偏离。

9. 什么是灵感？

一门无所不在能够实现的艺术。

10. 什么决定了我们的不同境遇？

自身的意念，想什么就得到什么，最终会成为什么。

第21课

和宇宙精神保持一致

通过前面20课的学习，我们了解了本书中一些经典的原理和法则。在这一课，我们将学习利用积极思考获得灵感，从而得到为己所用的智慧和设想。同时我们还将了解一种神奇的内在力量，那就是祈祷。通过学习真正认识潜意识的威力，我们意识中的任何想法都会在潜意识里留下印记，这些印记会形成自己特有的运行模式，而这些模式无疑也是解决生活中一切问题的依据。

所有包含在宇宙之中的事物都有一定的运行规律，同时也对应着因果。相同的“因”，定会产生相同的“果”。我们内心产生的祈祷也是如此。当我们的祈祷得到过恩允，那么在相同条件下，未来的祈祷也会得到恩允。祈祷所遵循的法则就是准确而科学的吸引力法则。

虽然大部分人经过学习能通达很多知识和定理，但很少有人真正了解祈祷的法则，也很少有人发现祈祷的法则一直存在，并在我们身边持续运行着。直到现在，我们才知道这个法则不但准确，而且科学又严谨。

1 真正的力量来自对力量的认识。宇宙精神永恒不变地存在着，我们要让自身与宇宙达到和谐统一。想要达到这个目标，就要消除一定的困境和阻力。只要潜意识中认定要追随宇宙精神，那么就会从局限与阻碍中获得解放，并且能够得到所渴望的自由。

2 当我们明白内在有一股巨大力量的时候，就会充满自信和受到鼓舞，就会让这股力量源源不断地持续下去。

3　宇宙精神作为整体形态，是万物产生的根源，它博大而无边界，并且不可再分。我们每一个个体，就好比是用来彰显宇宙精神的小支流。我们的所思所想，也是在客观世界中所创造的。

4　宇宙精神和我们个体犹如母体和胎儿的关系，我们藉由精神上的脐带与宇宙精神产生筋骨血肉的连接，从而源源不断地吸取宇宙精神的精华来成长自我的精神和思维。宇宙精神的力量取之不尽，用之不竭，我们因此能够获得生命和生活中的所有能量。

5　精神力量的强弱来自对宇宙力量法则的了解。如果我们将自身与宇宙精神达到高度一致，我们就会获得更强的力量来改造内部世界和外部环境，从而获得新生。

6　在学习和运用精神力量的过程中，如何才能不被不良倾向所影响呢？在精神理念中有一个法则：宏大的理念可以抵消渺小的理念。借助这个法则，我们要让思维变得更加开阔、宏大，如此才能抵消种种阻碍。广阔的思想引领我们看到更高远的目标，实现更有价值的人生。

7　精神创造性本身具备强大的能量，才能使我们获得内心所向往的成功。具备开阔的眼界和胸怀就是拥有了大能量，能够使我们从大处着眼。精神能量自身在应对外部环境时，不会因为它们的强弱而有所改变，无论外在环境是强悍还是弱小，它都能自如地应对。

8　思维产生的结果都会在潜意识中留下印记，外在生活与境遇的改变靠的就是印记转化而成的创造性能量。通过精神事实，我们可以将意识中的内在世界植入到外部世界。

9 我们的心态是什么样的，折射在外部客观世界就是什么样的。所以，正确的思维方式不是迷信而是科学。

10 之所以说精神倾向决定人生经历，是因为存于头脑中的印记在引导精神发展方面带有倾向性。精神倾向又能够改变人的性格、能力以及意图。因此从某种意义上说，精神倾向能够决定我们人生中的一切经历。

11 什么样的心态吸引什么样的外部境遇，这符合物以类聚的原则。相同品性的事物产生的吸引力远远超过我们的想象，外部任何境遇都与我们的内在相关。

12 如果想改变人生，我们先要改变内心世界，就这么简单。心态来源于思想，当心态变了，思想和人格也会改变，直到最后所有的人、事、物和环境都发生了改变。

13 改变说起来容易但做起来却难，想要实现需要不断努力。当我们想要改变的行动受到阻力的时候，需要将我们头脑中的消极视觉化图像去除，并用积极正面的视觉化图像代替，以此形成一种让自己满意并愿意积极行动的精神图像。

14 想要让头脑中的精神图景变得生机勃勃，就要在保存内心理想图像的同时，把诸如勇气、才华、力量、能力等这些能够帮助实现意愿的其他能量一并贮存，并放在内心深处。这些因素可以帮助精神与理性实现完美融合。

15 在实现目标的路上，首先要充满自信，并给自己定一个可以实现的最高目标，如此，你的力量会提供强有力的支持，你在努力的时候，精神能量会把理想的现实送到你手里，所以，再高的目标也能应付。任何事物的达成都需要坚持不懈地努力，多次重复并形成习惯。习惯决定行为，最后自然会得到想要的结果。另外，要避免形成坏习惯，才能对结果的实现有所帮助。努力的过程并不是一帆风顺的，但时刻坚定“付出必得”的信念，终将战胜每一个困难。

16　“一切皆有可能”是个非常好的信念，放心大胆地去实践上面“付出必得”的信念吧。哪怕难以改变的人类天性也能被重新塑造，你所要做的就是将自己定义成理想中的样子。

17　如果没有坚定的信念，人很容易受客观环境的影响和改变。为此我们要用建设性和创造性的思想同负面和消极的想法做斗争，直到建设性和创造性的思想压倒那些负面的想法才行。

18　有一些企业家、政治家和科学家，他们是创造性思想的实践者，他们在实验室的显微镜或望远镜下不断观察着这个世界，并将思维力量应用于我们的工作和生活中。他们不会消极地认为只关注经验而不去信任自身的开拓力量，事实上他们更关注生命核心，而不会把肉眼可见的权力与利益放在首位。

19　在追求生命意义的路上，一种是运用创造性思想勇于拼搏的精神追求者，一种是从不改变自我的保守者。对于千变万化的大千世界，任何追求都如逆水行舟不进则退，根本不会有原地踏步的存在。所以，你如何评判自己属于哪一种人，只有前面的两种选择，要么是追求者，要么是保守者。

20 在当下这个充满竞争和急剧变化的时代，每一天都有不同的压力。人们的压抑和苦闷日益渐盛，所以人人都渴望改变和消灭这种充满压力的状态，这个渴望可以说像汹涌澎湃的波涛一样席卷而来。

21 当然也有守旧派还在坚守着旧有的秩序，他们幻想着固定生活的完美与安定而不想有所改变。他们像是旧世界的卫道士，对陈旧的思维习以为常，对新思维和新体制充满恐惧而不敢去轻易尝试。

22 新旧思维的竞争，正是对宇宙精神的本性认识与更新。如果人类在生存体制中能够运用崭新的宇宙精神，生活中的很多问题都会迎刃而解。事实上，当下社会也正朝着尊重个体创造与更新的方向发展，少数想对社会进行控制和行使特权的人终究会被压制。

23 少数拥有特权的人借助“神”或“宿命论”来控制外在的世界，是因为他们对宇宙精神的认识还不够充分。如果他们对宇宙精神的了解达到确信的程度，就能让新的秩序来代替旧的秩序。因为人与人之间的行动力与创造力都是为了拥有自由，这种自由很神圣，所以不会被旧的秩序来侵犯和阻挡。

24 宇宙精神有自身的气质，它不为恭维所动，也不会因为情绪波动而作出不理智的判断，所以它的公正才显得那么强大和值得信赖。如果人们真正理解了宇宙精神，并能使自己与其保持一致，一定会得到它的眷顾与厚爱，那么向往的最高理想也就很容易实现了。

思维练习

这堂课主要练习对真理的思考，因为它是通往自由之路的钥匙。当我们在生活中运用宇宙精神法则去思考问题的时候，就不会惧怕追求成功路上的艰难险阻。尤其是当我们处于“寂静”的状态时，内在的精神就会变得非常强大并让外部协同改变。这样也会随时唤醒头脑中的“灵感”，使其成为我们幸福人生的助力。想要进入心灵的净土，我们必须集中意念，然后才能找到生命中不同的机缘和表达内心的正确方法。

智慧拾萃

1. 力量的来源是什么？

万物都由宇宙精神而来。

2. 什么方式能够显现这种力量？

个体是彰显宇宙精神的分支。

3. 如何与这种力量达到和谐统一？

通过思考感知宇宙能量，并反映在客观世界中。

4. 这一发现的结果是什么？

让我们明白这是一个奇迹和机遇。

5. 如何改善不良的境遇？

让自我精神与宇宙精神保持统一。

6. 成功的大师有什么独特之处？

他们思考大理念来消除卑微的小理念。

7. 经验是怎么来的？

来自固有的理念和法则。

8. 吸引力法则如何运行？

对事物的控制和支配心态产生同类相吸的结果。

9. 如何区分新旧体制？

新体制是对宇宙精神的充分认识，旧体制借助“神的选择”。

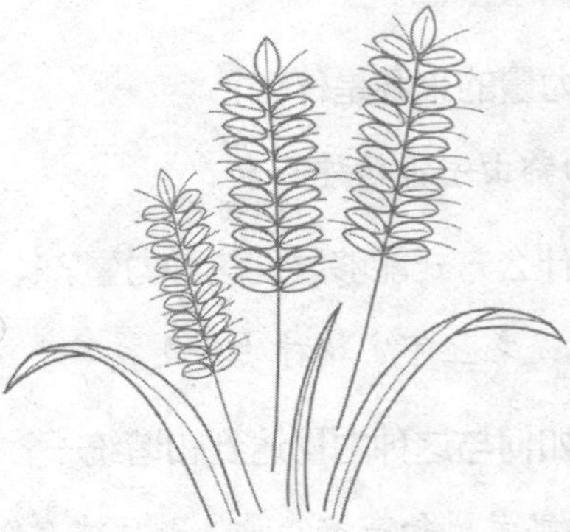

第22课

健康源自于内心的和谐

无论什么思想都会在我们的潜意识中扎根，好的思想会结出好的种子，不健康的思想则会结出令人失望的种子。

人这一生总会遇到一些不可避免的麻烦，比如身体不健康，遇到的事情不尽如人意等，归根结底都是我们的负面情绪所导致的。比如焦虑、痛苦、憎恨、忧愁等情绪进入身体，就会引发各种不好的状况。

生命中有两套系统，一套用来吸收和利用养分制造和分裂细胞；另一套则用来分解毒素和排泄废物。所以，表现出来的生命过程就是在建造的同时也存在破坏。食物、空气和水就是建造生命所需的养料。那么，既然建造生命的原料这么简单，人类是不是就能实现长生不老呢？其实不然，人体如果累积了很多垃圾并渗透进机体细胞，就会让毒素横行，从而破坏身体的健康和平衡，导致身体的某些部位出现病痛。

如果希望自己的身体能够做到健康不生病，那么最好的方法就是减少毒素，增加机体能量，并且把消极因素从意念中消除，这样才能降低患病的可能。当我们的意念不再被嫉妒、焦虑、苦恼、忧愁、恐惧所困扰的时候，体内的神经腺体就会处于健康状态，如此，身体健康长寿才能成为可能。

有人用保健食品或营养品给身体机能进行补充，那只是浅层次的营养补给，真正对身体健康有帮助的是我们的思维，只有能综合利用自己的意念和思维，才能真正拥有健康。

1 知识在我们的生活中扮演着举足轻重的角色。生存离不开知识，性格、情绪以及不少机缘都借助知识来进行调节和控制，所以我们才有理由相信，思维方式与习惯能决定我们的健康状况。

2 因此，我们要不断反思自己的思维方式。如果不能积极反思，就给负面的东西提供了土壤。当我们忽略意识的时候，意识自身产生的敌对力量就会偷偷潜入我们的头脑和思维，并会随时坐等着看你出丑。所以，要经常审视自己的思维和意识，把不良的诱因消除在萌芽之中。

3 如果思维中存在很多消极和负面的想法，那么就会表现出失败、病痛、消极和无力的一面。说到底，我们思考什么就会获得什么。有什么样的“因”自然会有什么样的“果”。

4 如果你的身体已经出现病痛，那么可以通过头脑中构建出的美好图景来改变和更新体内消极的因素，以此来达到新的平衡。你会发现，当你让美好图景不断地在头脑中重复时，身体的一些微小病痛就会慢慢消失，即使是长年累积下的病痛也会慢慢减轻，甚至是痊愈。事实上很多人通过这样的方法，使健康得到了改善，只要尝试你也可以做到。

5 物质存在靠不同的频率振动，而使我们体内的原子活动的形式发生改变与更新。物质如此，精神也是如此。当我们的细胞内部结构发生了改变，机体也会随之发生改变。

6 自然界中的万事万物都按照自己的频率不断振动，无论是静止的还是运动的，无论是肉眼可见的还是看不见的。振动频率发生改变，物质的形态、性质也会发生相应改变。因此，我们可以通过改变思维的振动方式来达到改变机体，并使其达到理想状态的目的。

7 这个结论并不新鲜。在日常生活中我们随时随地都在使用这种力量，只是出现了太多我们不太满意的结果。我们之所以会得到这种不太好的结果，源于我们对因果规律不知晓。通过不断练习，我们可以正确且智慧地使用有益的振动，使身体机能向满意的结果发展。这样随着经验慢慢积累，就会让身体产生愉快的振动，同时避免产生不愉快的振动。

8 可以试着回想一下，自己过去的思想曾带来的后果。如果你的思想充满善良、勇气、崇高和积极，它就有很好的活力并具有创造性，那是因为好的思想为身体带来了较好的振动形式。如果你的思想充满嫉妒、苛刻、险恶和愤怒，身体则会有另一种振动形式。所以，不同的思想带来不同的身体振动形式，最后产生的结果也不同，要么是令人愉快和健康的，要么就是疾病缠身。

9 由此可以确信，我们身体的巨大潜力皆来自精神的引领和操控。

10 外在客观精神对身体产生很大的控制作用。比如，当我们听到某件滑稽可笑的事时，脸上的肌肉就会不自觉做出发笑的表情，身体也会因为笑而产生振动，由此说明肌肉由思想主导。当我们看到某部影视剧中感人的剧情时，会感动得流下泪来；感觉紧张的时候，手心会出汗；感觉愤怒的时候，全身的血液会涌上脑门……这些都是思想在控制我们的血液循环和情绪改变。当然，这种客观精神对身体的控制是暂时的，并不会长久存在。

11 内在的潜意识也在用另一种特殊的方式控制我们的身体。比如，无数的细胞能够帮助出血的伤口愈合。不小心骨折了，外在有医生的帮助和治疗，看不见的内部也在帮助骨头重新长在一起。遇到寒冷，身体会主动打喷嚏，驱赶冷空气。如果感染了病毒或细菌，身体会立刻调动内在的警报系统，白细胞会与病毒或细菌展开斗争。

12 这种不知不觉完成的行动都是潜意识在控制人体细胞。而这种出色完成的行动是因为没有受到主观刻意的控制和改变。这些潜意识拥有非常高的敏感度，拥有可以胜任几乎所有工作的智慧。如果我们的头脑里充斥着负面和消极的想法或因素，智能的细胞就会无法识别，不知道如何行动。一旦细胞们感觉到不知所措，久而久之，它们对无所适从的指令就会出现疲惫、乏力，最终不得不放弃任何有意义的行动。

13 我们想要拥有健康，离不开借助身体的共振法则，因为这个法则通过精神作用于身体。只有改变了内在的世界，才能改变我们所处的外在环境。如果我们了解了这个基本原理，一旦生活中出现了问题，就会积极行动起来改变内在的思想和精神，这样内在精神就会在外在的客观世界中映射出来。

14 外在客观世界所有问题的答案，都藏在内部的精神领域里，想要让“果”发生改变，一定先要让“因”改变。

15 藏在身体里的每个细胞都像充满智慧的小精灵，它们能够在不受指引的情况下轻松解决身体的一切问题。只要给它们一个理想的图景，它们就会用非凡的创造力勾勒出你想要的答案。

16 因此，当你的头脑中储存了完美理想的图景时，这些智慧的细胞就会用它们非凡的创造力，还你一个健康完美的体魄。

17 想要确保我们拥有健康的体魄，就要将健康、主动、积极的思想导入大脑中。因为大脑中的细胞受控于我们的心态和精神，如果将不好的图景植入大脑，身体也会接收到不良的信号，最终出现不健康或衰退。

18 我们已经知晓，人的身体器官和行为都是振动的结果，主观精神也是如此。所以，如果振动的模式是高级、强大、有力的，那么就会引领、改变和控制低级的振动。

19 我们也明白了，身体的振动形式取决于大脑细胞的性质，消极的脑细胞带来消极的振动，积极的脑细胞产生积极的振动。

20 因此，如果我们希望得到好的结果，就要有意识地去控制并引领我们的身体，让身体的智能反应去和我们的主观思想保持一致，通过了解和运用精神力量和宇宙精神的法则，让思维去顺应和支持身体。

21 目前，已经有非常多的人对“精神可以控制身体”这一法则给予了认同与支持。在医疗领域有不少医生开始加入了这个研究的行列。有一个叫肖菲尔的博士在这方面有很多课题研究，他说："极少有人关注精神能够控制身体，精神疗法在医学中没有受到认真对待，在心理学界也极少有人以此为出发点做精神能量方面的研究。"

22 我们可以确切地相信，神经方面的疾病依赖医学功能可以实现很好的治疗，但这些医治的方法多是源于对以往解决问题得到的经验，也有对新问题创造性的解决，而不是在书中找到固定的答案。

23 医生对病人进行治疗使用的是现有的医疗手段和措施，而不太重视精神疗法的运用。如果精神疗法被重视以及在医学院教授给学生的话，可以在很大程度上改善当下的医患关系。同时还可以降低医疗手段不足造成的错误，避免实施救治时不够有效造成的弊端。

24 精神治疗是一种自我暗示和唤醒的疗法，是依靠患者自己独立完成的。可是很多患者并不懂这个道理，更不可能在自己身上尝试使用。假如有一天，患者能够借助精神疗法，一定会收到意想不到的结果。患者如果能够带着欢乐的、充满希望和平静的心情来改变病情和生活，就会从消极和不利于病情好转的状态中解脱出来。

25 很多人认为，"人类的一切不幸都是上天的安排。"如果事实真是这样，那么对于生命实施救助和恩惠的人，就像在反抗上天。因此，如果真正顺应"上天"的意志，那就是宇宙力量可以协助我们去消除给生命带来不和谐的因素，以此来让痛苦和疾病消亡。

26 几千年来，神学家以自己有限的认知曲解了上天的意志，并用错误引导人们。有些神学家宣扬人们生下来就是有罪的，使人们陷入了自我忏悔与心灵处罚的思维里。如果真有一个全能的“神”，他若爱人，就不会让人们带着有罪之身去不断忏悔和自责，以期望获得下一个未来的清白。人们之所以相信，是源于对宇宙万物的无知产生的恐惧心理；人们之所以忏悔，是因为惧怕心中的神，而不是因为“爱”。

27 服务于客观世界的是精神，它始终遵从于上天的意志。人生活的情形和所处的环境都源于对世界的认识，并不断受闪现的灵感的约束。对未知事情的探索和对已有知识的运用能让人不断进步，最后达到卓越。精神能够引领人把无限的潜意识变为现实。

思维练习

这周的练习主要是用心体会自己想要过一种什么样的生活，是健康充满活力，还是每天愁肠百结、病痛不断？生活中饮食有节、起居有常并且适量运动，这就是在培养健康的生活方式。那么，如何才能做到心理健康呢？要对自己的思维进行训练，当面对不利境遇时，要做到“看开点，想开点”。把所有的痛苦与挫折看成是“化了妆的祝福”，心里想着这些不利境遇都是最好的安排，慢慢地你的心境和思维方式就会发生改变。凡事往好的一面去想，身体自然而然会变得健康起来。

智慧拾萃

1. 如何才能消除疾病?

通过积极思维让身体产生积极的能量和振动。

2. 如何让思维和身体统一起来?

人的肉体受精神控制，思想和精神完美，人的身体才会健康。

3. 精神和身体达到一致会产生什么效果?

精神念头积极和美好，身体就会健康和谐。

4. 精神与客体的关系依靠什么法则实行?

客体受到精神影响是借助振动法则。

5. 为什么会适用这样的法则?

好的思想可以消除不好的思想，同样的道理，高频率振动可以控制和转变低频率振动。

6. 人们对精神治疗法是否认同?

目前已有大部人开始认识到精神疗法的重要性，并因此受益。

7. 应用精神疗法能有什么效果?

通过获得精神愉悦起到让疾病消弭的效果。

8. 这个方法对生活的其他方面是否有所改变?

借助这一理论，可以满足所有的期望。

第23课

给成功插上翅膀

在前面的学习中，我们已经领悟到上天给予人类最高的奖赏与馈赠，就是人类拥有取之不尽、用之不竭的思想。这一课我们将探讨金钱在我们生活的各个方面所呈现出的不同特点和具体表现。了解真正的成功源于付出和为别人服务。只有当我们有机会为身边的人、事、物付出时，才能真正得到财富。

思想有多远，财富就有多大。我们的一切行为都来自创造性思想。因此，我们付出有价值的思想，就会在生活中获得期待的结果。

而有价值的思想在高度集中的意念中产生。当我们在某一个时间节点将意念高度集中于某一点时，全身的精力与能量就会对脑力产生激荡，然后就能获得超强的智慧与力量，最后就会将完美的精神呈现在客观的环境中。

这是一门高于艺术的艺术，又是一门追本溯源的科学，包含着其他一切科学，能够将普通人的生活装点得绚丽多彩。当我们习得了这门艺术并进行理解和应用时，就能让自身得到巨大的成长与进步，最终获得的美好结果也不会是空中楼阁，而是通过自身努力得到的真实嘉奖。

不要有任何怀疑，当我们的心态是公正无私、积极向上的时候，我们的人生也会因此而变得深远厚重、踏实稳固。自然有规律，人生也有因果。我们要相信“春播种秋收获”的强大法则，相信宇宙精神拥有平衡、乐观的主旋律，相信付出必有收获，这样就会获得真正美好的人生。

1 我们对金钱的态度决定了对金钱持有的状态和理念。金钱既是商业领域的通道，又是商业经济的典型表征。整个经济的加速流通，离不开人们对金钱的重视程度和欲望，以此来打开财富的通路。对金钱的获取过程不要心存恐惧，不然就是与财富之路背道而驰。

2 我们的收获来自付出，如果心生恐惧就会止步不前，甚至得到因恐惧而导致的不好结果。所以，对获取金钱的恐惧或对金钱本身充满恐惧，都会给我们带来不愿接受的贫穷。而真正的贫穷是意识和思想上的贫穷。金钱的获得同样遵循宇宙精神法则，只有优秀、勇敢、智慧的思想才能真正引导金钱和获得金钱。

3 生活中我们常说“有人脉才有钱脉”，朋友与财富有着十分紧密的联系。我们的人脉来自对朋友的帮助和服务，甚至为他们谋求更多有益身心的福利，这样才会带来稳固优质的人脉圈。这也符合“服务是成功”的黄金定律，这个定律的背后是拥有诚实、正直、关爱别人的心，是一种利他和给予，这才是真正意义上的为别人服务。如果有所企图或心怀鬼胎使用手段去对待朋友，这是假意交换，最终会带来人际关系和事业上的双重失败。凡不是出于真心地帮助和服务别人，必是对宇宙的交换原理这一根本法则一无所知。这种充满欺瞒和假意的帮助，必定会使自己的人际关系陷入无力和无为的状态中。

4 我们在生命中所表现出来的外在形态是被意识中的图景所塑造的，生命的力量既可以分散四周，也可聚焦于一点。当我们以开放的心灵状态对自我进行更新时，就会把生命的力量聚焦于追求过程而不是追求结果，正因如此，最后收获的不仅是结果，还有过程中精彩的心路历程。

5　凡是得到财富追随的人，大都具备吸引财富的内因。想得到财富的青睐，不但要有真诚服务于他人的心，还要有能够牢牢把握住机遇的敏锐洞察力。当你处于有利位置，身边汇聚了所有的机遇和垂青于你的各种因素时，你就能真正去帮助别人，也真正离财富最近。

6　如果想让思想具备迷人的活力，离不开对他人的慷慨大度和广阔胸襟；如果行为偏狭而自私，就会让精彩的思想失去活力。自私就像蚁穴，会毁灭和瓦解我们创造力的大厦，也会折断飞往财富空间的翅膀。所以，必须要真正领悟“舍得”的内涵和深意。

7　整个社会和人类的正常运转，离不开个体贡献的能量和对他人的服务。当我们自己的意识与全能的宇宙法则保持一致时，就会明白，给予越多收获越多。在服务于人方面，商人贡献货品，工人贡献技能，艺术家贡献艺术作品，所有付出的人，都会按照法则所言，付出的越多，得到的回报也越多，知道了这一原理，自然就会付出更多。

8　成功的金融家之所以得到的多，是因为他们付出的多。他们不会把自己的工作委以他人，而是保持独立思考。同时能够从身边的人身上得到启示为自己所用，还会用这样的能力去帮助别人获得利益。帮助别人成功以后，金融家也会得到更多。纵观众多的财富拥有者，他们靠的不是损人利己获得收益，而是在帮助别人致富的过程中也成就了自己。

9 大千世界，善于思考的人很少，多数人在思维方面更是没有深入探究。他们多数过着人云亦云、缺乏自我观点的生活。他们迷信宿命和权威而很少去验证既有的思想。他们把思考重大问题的工作推给极少数的别人，这样不但失去了自我思考的能力，同时还会消减和失去原本的创造力。

10 很多人不了解“把意念和能量专注于自己关心的事上，才能让思维为自己服务”这个法则，反而常怀悲伤、困苦和混乱的负面思维，这样就会徒增烦恼。只有心中充满对理想结果的渴望和想象，让这种理想的心态变得积极良好，才能实现二者的良性互动，最终带来真正的美好生活。

11 精神是一切创造和实现的前提与基础。无论在什么领域，思想都能凝结成精华。在思维的过程中，任何精神带来的有意义的行为都能得到实现。

12 我们明白了这些，就会得出一个结论。如果作为一个“务实的人”，就会努力学习这种法则，并坚持不懈地实践它。只有不断学习和实践才能领悟其中的真正含义。务实者不但努力也会抬头看路，他们会借这种法则让自己的生活过得甜蜜美好。假如有一天，你攀到了生活的理想高地，就会看到身边都是这种勤奋踏实务实的人。

13 人的成功离不开创造力。有一个朋友，他终始坚持用原有的观念来指导人生，虽然取得了一定的成功，但后来一直没有更多的创造和创新，慢慢事业就进入了低谷期，因为他的头脑中再也没有新鲜的点子供他使用。

14 当他学习了这本书的理念时，觉得如获至宝。他发现想要在商业上有所建树，离不开创新的好点子。他的事业之所以会出现低谷，正是因为没有创新的点子给予他支撑。如果书中的理念对他有效，无疑将给予他的事业峰回路转的帮助。

15 多年后，又听到了关于这个人的消息。原来他已成为国内某知名企业的重要人物，并且发了一笔大财。之所以能有这样的收获，正是因为他通过学习这套课程，获得了创新的点子。这不是虚构的故事，而是真实发生的事。

16 这样的事例有没有带给我们一些启发和内心的激荡呢？事实上，很多人因为精神方法而获益，也有不少人能够做到自身与无限精神合而为一。他们能够支配精神并把它们运用于商业中。

17 听到这里，你会不会过分局限于“无限”，而把人“神化”，把人的意志进行夸大呢？事实上，当你真正拥有智慧去观想无限的力量时，你就能明白，真正无限的力量是人的“意识”。当我们相信自己的精神与外在客观世界能够保持和谐统一，并且运用创造思想指引我们的精神时，我们才真正学会了如何使用“无限的力量”。

18 就像前面所举的那位成功人士，他之所以用创新的点子取得了新的成功，正是因为他从这种“无限的能量”中找到了自己真正所需的东西。然后通过对自己的旧思想进行否定、更新、填补和改进，最后打造了自己的理想模式。如果我们每天都研究这个理念，也会像你所看到的众多成功人士一样，从自己身上感受到那种“无限力量”的神奇，因为这样的成功与卓越都是真实存在的。

19 也许有人对这种“无限力量”产生怀疑，不相信它会轻易作用于客观世界。因此，想要让这种力量起作用，必须要与它运行的法则和谐一致，而不是对它心存抵触。

思维练习

这周的练习是在心中植入一个意念，那就是：人的存在靠肉体，但想要永生却依赖精神。所以，人的所有渴望和期待都是通过精神才能得以满足。我们对金钱的满足只是浅层次或暂时性的。只有人的精神与“无限力量”相契合，它才能源源不断地给人提供帮助。如果你的头脑能够意识到，金钱只是为了服务于人，那么你看待财富的思维就会被开启，同样被开启的还有真正的财富。这份财富就是体验精神带来的美妙体验。

智慧拾萃

1. 靠什么才能成功?

服务别人才能让自己成功。

2. 如何去服务别人?

让胸襟开阔，重视长远结果而不是紧盯着眼前得失。

3. 自私产生什么样的恶果?

可以毁灭思想中有价值的东西。

4. 如何做到极致成功?

先想付出，再想成功；先想过程，再想结果。

5. 金融家靠什么积累财富?

依靠自己的思维带来的决策和执行。

6. 为什么大部分人愿意把思考权交给别人?

因为他们不具有创造力的想法。

7. 消极思想有什么后果?

会吸引来更多的悲伤和损失。

8. 思想是快乐的话，收获会怎样?

这样的思想会带来更加美好的收获。

9. 精神法则能用于商业吗?

这一法则可以用于任何领域，商业也不例外。

10. 这些原则有哪些实际益处?

让我们明白因果规律，想要收获先要付出，凡事有因才有果。

第24课

一切皆在心中

走到了最后一课，意味着我们的神秘之旅即将接近尾声。在所有课程的学习中，如果你相信“精神”具有魔力并不断去实践这种魔力，那么，之前你在头脑中预想过的美好场景都将在生活中成为现实。有不少人在学习过后得出自己的结论，他们认为：“思想像一把真正的宝剑，为生活披荆斩棘，最终开辟和打造出一个美丽的花园。”

领悟了这个思维法则能够使人进行自我提升，脱离思想的局限和物质的匮乏，它还能带领我们走出恐惧、悲伤、忧郁等消极情绪。通过实践让自己拥有创造的能力，并且度过愉快又成功的一生。思维法则能够对人表现出随时随地、无条件的接纳，不会因为你有不同的信仰而歧视你，更不会因为你是否领悟以及领悟得早晚而对你有所偏见。

如果你是某个宗教的忠实信徒，那么思维法则和宇宙精神力量能够让你离你所信仰的神更加接近；如果你笃信科学，这些法则同样会像数学那么精确；如果你相信哲学，那么精神的唯心与哲学的形而上学能够产生新的结论，让你探索其中如获至宝。

因此，对于这一真理的获得，正是多少不同领域的人世代追求的成功奥秘。而此刻你正拥有它，并用它来破解你的疑惑。你只要相信自己可以，你就真的可以，从现在起，就让这一精神力量带你走进一片崭新的天地吧。

1 因为人们每天看到太阳的运动轨迹都是东升西落，所以对首次科学发现提出的“太阳是宇宙的中心，地球绕着太阳转”这样的学说表示惊讶和怀疑，认为这是一种歪理邪说，并对提出这一论说的科学家进行抨击。但经过时间的验证，科学家们认为事实能解释一切疑问，会让人们慢慢相信并接纳这个理论。

2 世界上很多物体之所以能够发出声音，其原理主要来自物体与空气产生的振动。当振动达到每秒16次以上，我们就能听到声音；当振动达到每秒38000次以上，环境反而会因频率过高而变得无声，成为一片寂静。所以，声音不是产生于物体本身，而是来自我们的感觉。

3 我们对颜色和光的感知也是靠这样的感觉原理。我们认为太阳是一种能发光发热的物体。“光”其实是波产生振动的结果。光是能量的表现形式，太阳以每秒四百万亿的振动频率传递能量，产生了所谓的“光波”。如果频率低于四百万亿以下，光消失，热就会出现。颜色也是由于频率的改变而出现了不同。无论是红花绿树，碧海蓝天，都是频率不同带给我们的感受。所以，当我们单凭感觉去判断事物时，难免会有出错的时候。

4 如果用形而上学的体系来解释这种理论。在思想中，如果精神表现得平衡、和谐，那么外在显现出来的也是如此。当思想中存在健康、成功、财富的时候，现实中就可以得到这些。

5 这个理论带来的真理就是，先改变我们的思想，然后才能改变我们的生活。也许你一直被生活的各种苦痛弄得疲惫不堪，如果你能理解这些苦痛的背后皆是自己内在的“因”出了问题，就会理解这些“果”。所有的恐惧、犹豫和沮丧都是自己的内心在逃避，你应该明白这些只是幻象而非真实的困境。只要不去理会这些负面的情绪，不被它们牢牢禁锢，就会让它们远离。

6　你要做的就是信任这个真理，准确无误地运用自己的思维能力，这样真理就会降临在你的生活中为你所用。

7　能够为自己和他人解决困扰的人，都是对精神力量确信不疑的人。他们用行动和努力将想象的场景变成现实。因为他们掌握并实践了这个真理，发现一切富有、成功和健康都并不遥远，被困境折磨只是暂时的，只是还没有悟到这个真理而已。

8　我们的精神状态决定身体是衰弱还是健康。如果把头脑中错误的思维清理干净，用和谐愉悦的思维取代，那么不利于我们健康的情绪都会得到转变。

9　那么，怎样才能让真理消灭思想上的错误呢？可以让自己向着“寂静”去努力，既可以自己进行，也可以帮助别人一起进行。如果你能自如地在头脑中勾画出理想的图景，你就拿到了成功之门的钥匙。一切美妙的事物都在门内，开门之时它们就会走向你。如果你短时间内无法做到这一点，就要反复地与心灵进行交谈，让它接纳真理，帮助你走向幸福。

10　我们要时刻谨记，一生中无论环境好坏，你需要战胜的是自己。困难来源于你的内心，如果你能从内心进行自我调整，外在的困难就不会将你压倒，你想要的结果也会如愿实现。

11 我们可以尝试用多种方法来帮助自己，比如与自己的内心交谈、描绘理想图景、良好的自我暗示等，这些都可以将你的意念不同程度地集中起来，最终获得真理并为己所用。

12 怎样才能用这个力量帮助别人呢？如果你希望对方摆脱困境，战胜局限，只需要从思想层面上努力，用意识去帮助别人。你对危险、困难、匮乏和软弱做出的战斗和消解等，意识和想法同样会传递给他，以此达到思想的共鸣，帮他得到解脱。

13 但是思想本身的创造性和活跃性会让你一不留神就把注意力停留在眼前不和谐的境遇上。这只是暂时的表象而非事实本质，只要坚定自己的信念，就可以战胜一时的困难，最终获得力量。

14 无论思想是错误还是正确，它们存在的形式都是借助振动的频率。正确的思想产生的频率会大于错误的思想，所以，谬误终将被真理战胜。只要真理出来，邪恶就会遁形。

15 你的客观境遇如何取决于你对真理的理解和领悟，同时也能展现个人智慧具备什么样的潜力。如果你不断超越和更新原来的自己，你的生命也将以不可阻挡的形式开始进步。

16 作为精神范畴的“自我”，本应该如初生的婴儿般纯净、完美，不应该存在恐惧和疾病。如果我们感受到了灵感的闪现，不要怀疑是大脑细胞在工作，那是“自我”被激发的缘故。稳定而永存的“自我”精神与宇宙精神合而为一。灵感就像生命中的智慧之光，不但能改变自身，还可以为世界创造希望。

17　真理不是靠学而时习之获得的，而是借助意识的开发得到的。也就是说，真理不是来自训练，而是来自信念带来的悟性去领悟和破解。我们外在的客观世界和社会生活都源于对真理的领悟。真理不是简单的信条，而是思想与行为融为一体的客观显现。

18　真理也体现在性格方面。一个人对于宗教的信仰会通过性格来进行诠释。信仰也可以理解为人们笃信的真理，他们相信什么样的真理，就会呈现什么样的性格和品质。一个人的时运好坏完全取决于自己，如果他一味抱怨命运不佳，就等于在曲解真理。

19　人的生活现状是对过去生活的承接。所以不论是困境还是顺境，在任何情况出现之前就已经存在于我们的意识之中了。意识会在不知不觉中吸引相同的精神和物质，如此才会造成当下的局面。明白了这个道理就要学会反省自我和察觉内心，找到是什么样的潜意识和负面因素影响了我们现在的状况。

20　想要战胜困难，就要有意识地认识真理，因为真理才能给予我们真正的“自由”。

21　外在世界的一切境遇都是内在的反映，所以要让内心充满完美的理想，这样才能在外在环境中遇到实现完美理想的条件和机遇，这是经得起科学验证的。

22 你越是在意和观想不满、缺憾、限制等负面因素，这样的境况越是会在生命中出现。如果你对心灵进行训练，去注视那些完美、完整、和谐的精神和自我，你就真正拥有了美好和谐的外在环境。

23 正确的思考带来正确的创造，当真理来临时，谬误就会消失，这一点不言自明。这是思想具有创造性带来的结果。

24 精神等同于心智和智慧，可以说，宇宙精神是一切智慧的汇聚。

25 精神具有永恒性，它遍及所有空间，无处不在，而不是依存于我们的个体之中。精神的产物和结果包括生活中的一切事物。精神和宇宙共生共存，并和我们的肉体如影随形。

26 人们把世间不可理解的巨大力量归于“上天”之力。其实“上天”每时每刻都住在我们的体内，它是我们精神的灵魂。因为超自然的力量源头不是外部世界，而是人的内在潜能表现出的精神本身。

27 精神活动来源于思考，因此精神和思维都具有创造性。当我们应用思维和精神进行创造时，自身人格就具有了力量。运用这种创造力，可以为我们自己和他人带去帮助和利益。

28 体会了宇宙精神，理解了精神法则，就等于拿到了打开幸福之门的钥匙。但真正能够进入幸福大门的人，不仅需要具备领悟真理的智慧，具备超越常人的广阔胸怀，更要具备永不懈怠的坚定意志。

思维练习

最后一周，我们要做的是去认真体会：这个世界是神奇又无限丰盈的，你自己也是一个神奇且极富活力的生命体，越来越多的人开始意识到真理的存在。宇宙已经预先为我们准备好了充足的资源，让我们可以实现那些不曾看见过的美好。我们要相信自身具有辨别是非的能力，也可以领悟之前没有理解的完美。内在精神将带给我们开启巨大的人生宝库的能力。你只有带着对自己笃定的信心，才能真正地去践行吸引力法则，也才能在这 24 堂神奇的课程学完之后，收获一个全新的自己。

智慧拾萃

1. 存在于自身的真理是什么？

精神领域中的真正“自我”就是真理。

2. 如何消灭已存的谬误？

用正确的真理去消灭谬误。

3. 如何帮助他人学习“宇宙精神”？

你与他人同属宇宙精神的一部分，帮助他人就是帮助自己。

4. 如何理解“宇宙精神”？

所有精神的总和。

5. 宇宙精神存在于哪里?

宇宙精神无所不在，在我们的身体上也在我们的心灵中。

6. 如何与宇宙精神实现连接?

依赖于思考。

7. 思考能带来什么?

思考能让我们拥有更清晰的思想状态，更坚定地实现目标的信心。

8. 连接宇宙精神能实现什么?

宇宙精神这股神奇的力量能帮助你创造完美、和谐的人生。